全国中等职业学校汽车类专业通用教材

全国技工院校汽车类专业通用教材（中级技能层级）

电工与电子技术基础

（第四版）

人力资源社会保障部教材办公室　　组织编写

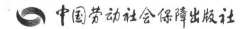

中国劳动社会保障出版社

简介

本书主要内容包括直流电路、磁场与电磁感应、交流电、二极管与晶闸管、三极管与集成运算放大器、数字电路和汽车电路识图基础等。

本书由邵展图主编，何薇、鲁劲柏、倪艳、邱浩、侯荣、刁红艳、王海霞参加编写。

图书在版编目（CIP）数据

电工与电子技术基础/人力资源社会保障部教材办公室组织编写. -- 4 版. -- 北京：中国劳动社会保障出版社，2020

全国中等职业学校汽车类专业通用教材　全国技工院校汽车类专业通用教材. 中级技能层级

ISBN 978 - 7 - 5167 - 4200 - 6

Ⅰ.①电…　Ⅱ.①人…　Ⅲ.①电工技术-中等专业学校-教材②电子技术-中等专业学校-教材　Ⅳ.①TM②TN

中国版本图书馆 CIP 数据核字（2020）第 053512 号

中国劳动社会保障出版社出版发行

（北京市惠新东街 1 号　邮政编码：100029）

*

北京谊兴印刷有限公司印刷装订　新华书店经销

787 毫米 × 1092 毫米　16 开本　17 印张　331 千字

2020 年 5 月第 4 版　2023 年 12 月第 7 次印刷

定价：34.00 元

营销中心电话：400-606-6496

出版社网址：http://www.class.com.cn

http://jg.class.com.cn

前　言

为了更好地适应中等职业学校汽车类专业教学要求，全面提升教学质量，人力资源社会保障部教材办公室组织有关学校的骨干教师和行业、企业专家，在充分调研企业生产和学校教学情况、广泛听取教材用户反馈意见的基础上，对全国中等职业学校汽车类专业通用教材进行了修订。本次修订的教材包括：《汽车文化（第二版）》《机械识图（第四版）》《机械基础（第四版）》《电工与电子技术基础（第四版）》《汽车材料（第四版）》《钳工技能训练（第四版）》《汽车驾驶技术（第四版）》《汽车维修企业管理（第二版）》等。

本次教材修订工作的重点主要体现在以下几个方面：

第一，贯彻最新教学计划、教学大纲及国家职业技能标准。

根据人力资源社会保障部颁发的《技工院校汽车维修专业教学计划和教学大纲（2015）》《技工院校汽车电器维修专业教学计划和教学大纲（2015）》《汽车修理工国家职业技能标准（2014年修订）》对相关内容进行了修订。

第二，根据岗位需求和科学技术发展，合理更新教材内容。

根据汽车类专业毕业生所从事岗位的实际需要和教学实际情况的变化，合理确定学习目标，对教材内容的深度、难度做了适当调整，同时注重综合职业能力的培养。根据相关专业领域的最新发展，在教材中充实新知识、新技术、新材料、新工艺等方面的内容，体现教材的先进性；采用最新国家技术标准，使教材更加科学和规范。

第三，具备鲜明的汽车专业特色，创新教材表现形式。

教材编写以汽车及其零部件为载体或选取汽车行业案例，充分体现专业特色，增加了实操内容在教材中的比重。为了增强教材的表现效果，激发学生的学习兴趣，教材中使用了大量高质量的实物图片，多数教材采用四色印刷，图文并茂，提高了教材的可读性。

第四，开发多种教学资源，提供优质教学服务。

为方便教师教学和学生学习，教材配套提供了电子课件、教案示例、习题册参考答案等教学资源，可通过技工教育网（http：//jg. class. com. cn）下载使用。除此之外，在部分教材中还借助二维码技术，针对教材中的重点、难点内容，开发制作了微视频，可使用移动设备扫描书中二维码在线观看。

本次教材修订工作得到了北京、河北、江苏、山东、广东等省（直辖市）人力资源社会保障厅（局）及有关学校的大力支持，在此表示诚挚的谢意。

人力资源社会保障部教材办公室

2019 年 12 月

目录

第一章

—— 直流电路

§1—1 电路的基本概念

学习目标

1. 了解电路的基本组成和电路图的主要类型。
2. 熟悉电路的三种状态。
3. 了解汽车单线制电路的特点。

一、电路的组成

电路是指电流流通的路径。图 1—1 所示为一例最简单的电路，图 1—2 所示为汽车单线制电路。比较这两个电路可知，它们都由**电源**、**负载**（也称**用电器**）、**控制装置**、**连接导线**四个基本部分组成。不同点是在汽车单线制电路中，从电源到负载只用一根导线相连，称为**"火线"**；另一个电极则与车架相连，称为**"搭铁"**。

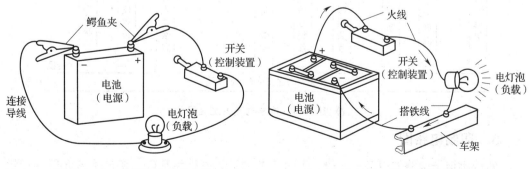

● 图 1—1 一例最简单的电路　　　　● 图 1—2 汽车单线制电路

由于负极搭铁对车架或车身的化学腐蚀较轻，对无线电波干扰也较轻，所以包括我国在内的大多数国家都规定采用负极搭铁的方式。

无论电路的构成如何复杂，电流总是在一个闭合回路中流动。在汽车电路中，电流从电源出发经由负载回到搭铁线。

二、电路图

电路图是指将电路中各元器件用图形符号和文字符号（或项目代号）表示，并用导线连接而成的电气关系图。

电路图能让人们简洁、直观地表达和了解电路的组成，便于分析电路的工作原理和性能，便于电路的设计和安装。

电路图主要有电路原理图、框图、印制电路图等。

1．电路原理图

电路原理图简称原理图，它主要反映电路中各元器件之间的连接关系，并不考虑各元器件的实际大小和相互之间的位置关系。例如，图1—1和图1—2所示电路的原理图如图1—3所示。

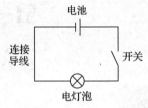

◆ 图1—3　图1—1和图1—2所示电路的原理图

2．框图

框图是一种用矩形框、箭头和直线等来表示电路工作原理和系统构成概况的电路图。从根本上说，这也是一种原理图，不过它不是像原理图那样详细地绘制了电路中全部元器件的符号以及它们之间的连接关系，而只是简单地将电路按照功能划分为几个部分。各部分用一个矩形框来代表，在矩形框中加上简单的文字或符号说明，矩形框间用直线或带箭头的直线连接，表示各部分之间的关系。所以框图只能用来体现电路的大致组成情况和工作流程，更多应用于描述较为复杂的电气系统。图1—4所示为汽车电气系统框图。

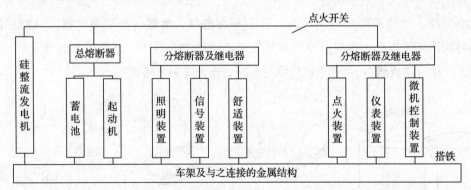

◆ 图1—4　汽车电气系统框图

3．印制电路图

对成批电子电路的组装，一般以覆有铜箔的绝缘薄板为基础，将电路各元器件用锡焊等方法合理地安装在这块基板上。由于电路板的制作一般先要用印刷油漆的方法将需要保留铜箔处覆盖，所以这种电路的元器件的安装图称为印制电路图，如图1—5c所示。印制电路板实物如图1—5a、b所示。

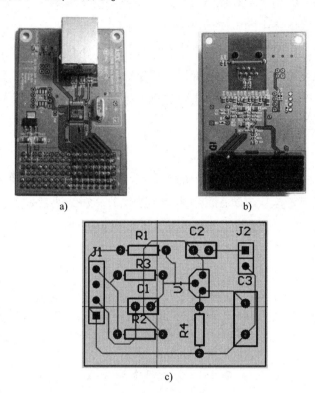

a)　　　　　　　　　　　　b)

c)

● 图1—5　印制电路板和印制电路图示例
a）印制电路板正面　b）印制电路板反面　c）印制电路图

印制电路图的元器件分布往往与原理图有较大区别。这主要是因为在印制电路图的设计中，不仅要考虑所有元器件的分布和连接是否合理，还要考虑每个元器件的体积、散热、抗干扰等因素。现在，特别是对于一些复杂的电路，已广泛采用计算机进行印制电路板的辅助设计，印制电路板也逐渐从单面、双面发展为多面形式。

上面介绍的三种形式的电路图，以电路原理图最为常用，也最重要。看懂原理图是分析和排除电路故障的基础。

由于汽车电路十分复杂，因此在汽车电路图中还有一种特殊的线束图，它不详细描述线束内部的导线走向，只将露在线束外的线头与接插器详细编号。将线束图与电路原理图结合使用，对于汽车的安装和维修具有很大的参考价值。

三、电路的三种状态

1. 通路

通路也称**闭路**，如图1—6a所示，它表征电流从电源的正极沿着导线经过负载最终回到电源的负极而形成闭合的路径。通路是电路的正常工作状态。

2．断路

断路也称**开路**，如图 1—6b 所示，它表示电路某处因某种需要或发生故障而断开，不能构成回路，此时电路中的电流为零。

在汽车电路中，由于导线断开或电路部件烧毁等，都有可能导致电路断开。有时因导体的接触面有氧化层或脏污、接触面过小或接触压力不足等会造成高电阻现象，从而引起某个器件或整个电路断续导通或电流过低，致使灯泡闪烁或亮度降低等。当高电阻现象严重时也会造成断路。

3．短路

短路是表示电路中的某元器件因内部击穿损坏或被导线直接短接等原因，使电流未经该元器件或负载而直接从电源正极到达负极的现象。短路通常是一种不正常现象，应尽量避免。图 1—6c 所示为负载被导线直接短接的现象，此时流过电路的电流很大。

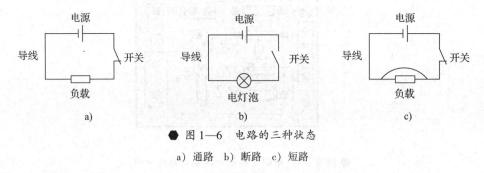

◆ 图 1—6　电路的三种状态

a）通路　b）断路　c）短路

汽车电路中具有一定电位的部位与金属机体相碰时发生的短路现象，称为"**搭铁**"故障。

链接

汽车电路的基本组成及元件（见表 1—1）

表 1—1　　　　　　　　　　汽车电路的基本组成及元件

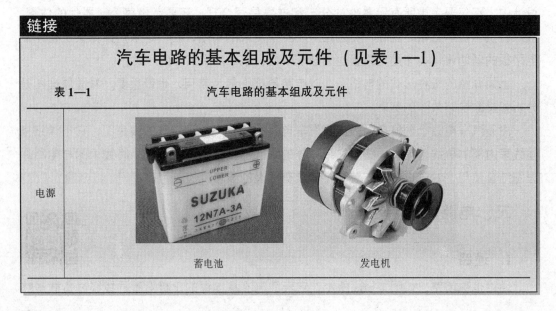

| 电源 | 蓄电池 | 发电机 |

用电器	
	火花塞　　　前照灯和尾灯　　　汽车点烟器和电喇叭　　　汽车仪表板和起动机
控制装置	
	灯光控制杆　　　后视镜和雾灯控制开关　　　继电器
连接导线及配电装置	
	编织扁形软铜线
	起动机电缆
	单色低压导线
	汽车配电盒　　　汽车熔断器

§1—2　电路的基本物理量

学习目标

1. 掌握电流的基本概念，了解稳恒直流电、脉动直流电和交流电的特点。

2. 会用电流表或万用表测量直流电流。

3. 掌握电压的基本概念，理解电压、电位、电动势三个物理量之间的联系和区别。

4. 会用电压表或万用表测量直流电压。

5. 理解电功和电功率的概念。

6. 了解电流的热效应。

7. 掌握电阻的基本概念，了解电阻的主要参数、类型及应用。

一、电流

1. 电流的方向和大小

电荷有规则的定向移动形成电流。

电流的大小用单位时间所通过的电荷量来表示。电流的单位为安培，简称安（A）。

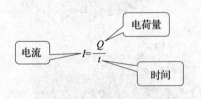

单位换算：

$1\ kA = 10^3\ A$

$1\ mA = 10^{-3}\ A$

$1\ \mu A = 10^{-3}\ mA$

例如，汽车远光灯的功率一般为 60 W，电流为 5 A；汽车起动机运转时，电流可达 100 A。

规定正电荷的移动方向为电流的方向。若电流的方向不随时间而变化，则称其为**直流电流**，简称**直流**，用符号 DC 表示。其中，电流大小和方向都不随时间而变化的电流，称为**稳恒直流电**（见图 1—7a）；电流大小随时间而呈周期性变化，但方向不变的电流，称为**脉动直流电**（见图 1—7b）。若电流的大小和方向都随时间而变化，则称其为**交变电流**，简称**交流**，用符号 AC 表示（见图 1—7c）。

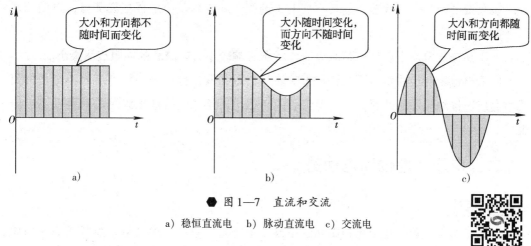

◆ 图 1—7　直流和交流

a）稳恒直流电　b）脉动直流电　c）交流电

2. 电流的测量

（1）对交流电流、直流电流应分别使用交流电流表（或万用表交流电流挡）、直流电流表（或万用表直流电流挡）测量。常用直流电流表如图 1—8 所示。

◆ 图 1—8　常用直流电流表

a）指针式直流电流表　b）数字式直流电流表

（2）电流表或万用表必须串接到被测量的电路中。测量电路如图 1—9 所示。

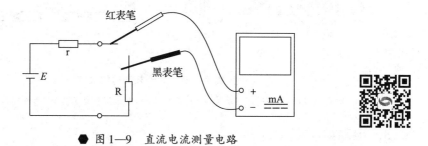

◆ 图 1—9　直流电流测量电路

　　直流电流表表壳接线柱上标明的"＋""－"记号，应和电路的极性相一致，不能接错，否则指针要反转，既影响正常测量，也容易损坏电流表。

　　被测电流的数值一般应在电流表量程的 1/2 以上，这样读数较为准确。因此，在测量之前应先估计被测电流大小，以便选择适当量程的电流表。若无法估计，可先用电流表的最大量程挡测量，若指针偏转不到 1/3 刻度，则改用较小量程挡去测量，直到测得正确数值为止。

为了使接入电流表后对电路原有工作状况影响较小，**电流表的内阻应尽量小**。

使用电流表时应注意：不允许将电流表与负载并联，也不允许将电流表不经任何负载而直接连接到电源的两极，因为电流表内阻很小，这样会造成电源短路甚至损坏电流表。

二、电压、电位和电动势

1. 电压

电路中有电流流动是电场力做功的结果。电场力将单位正电荷从 a 点移到 b 点所做的功，称为 a、b 两点间的电压，用 U_{ab} 表示。电压的单位为伏特，简称伏 （V）。

例如，汽车所用铅酸蓄电池的标准电压为 12 V，汽车电控单元 （ECU） 提供给传感器的电压为 5 V。

2. 电位

电位是指某点与参考点 （零电位点） 之间的电压。通常，在汽车电路中是以"搭铁"为参考点，在电力系统中则是以大地作为参考点。

电路中任意两点之间的电位差等于这两点之间的电压，故电压也称**电位差**。

电压与电流的关系和水压与水流的关系有相似之处。二者的比较如图 1—10 所示。

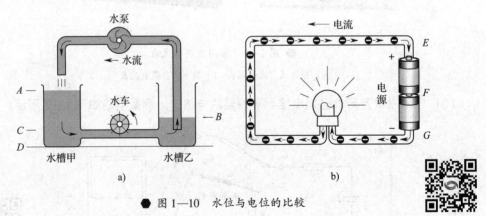

❍ 图 1—10　水位与电位的比较

a）水压与水流 （水泵的作用是保持水位差）　　b）电压与电流 （电源的作用是保持电位差）

3. 电动势

电源移动电荷的能力用电动势表示。电动势符号为 E，单位为伏特 （V）。

电源的作用和水泵相似，它不断地将正电荷从电源负极经电源内部移向正极，从而使电源的正、负极之间始终保持一定的电位差 （电压），这样电路中才能有持续的电流。

4．电压的测量

（1）对交流电压、直流电压应分别采用交流电压表（或万用表交流电压挡）、直流电压表（或万用表直流电压挡）测量。常用直流电压表如图1—11所示。

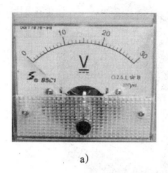

a)　　　　　　　　　　b)

◆ 图1—11　常用直流电压表

a）指针式直流电压表　　b）数字式直流电压表

（2）电压表必须并联在被测电路的两端。测量电路如图1—12所示。

直流电压表表壳接线柱标明的"＋""－"记号，应和被测两点的电位相一致，即"＋"端接高电位，"－"端接低电位，不能接错，否则指针要反转，并会损坏电压表。应注意合理选择电压表的量程，其方法和电流表相同。

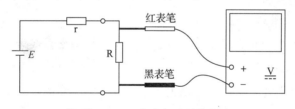

◆ 图1—12　直流电压测量电路

为了使接入电压表后对电路的原有工作状况影响较小，**电压表的内阻应尽量大**，使通过电压表的电流相对于正常工作电流小到可以忽略不计。

链接

汽　车　电　池

1．汽车蓄电池

汽车蓄电池的结构如图1—13所示。

（1）汽车蓄电池的功能

汽车蓄电池是一种将化学能转变成电能的装置，属于直流电源，它在汽车电路中具有多种功能。

1）当发动机启动时，为起动机提供强大的启动电流（一般高达200～600 A）。

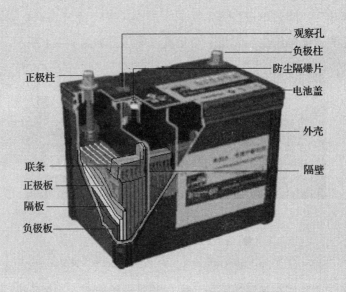

正极柱　　　　观察孔
　　　　　　　负极柱
　　　　　　　防尘隔爆片
　　　　　　　电池盖

联条　　　　　外壳
正极板
隔板　　　　　隔壁
负极板

● 图 1—13　汽车蓄电池的结构

2）当发电机过载时，可以协助发电机向用电设备供电。

3）当发动机处于怠速时，向用电设备供电。

4）当发电机端电压高于蓄电池的电动势时，将一部分电能转变为化学能储存起来，也就是对蓄电池进行充电。

5）蓄电池相当于一个大容量电容器，对汽车中的用电器起保护作用。

（2）汽车蓄电池的检测

1）检测蓄电池电压，判断充电状态

打开前照灯约 1 min，然后关闭前照灯，测量蓄电池正、负极之间的电压，若电压值约为 12.2 V（12 V 系统），则表明蓄电池充电状态正常。

2）检测启动电压，判断蓄电池、起动机及连线状态

拆除点火线圈的高压线，打开点火开关启动挡使发动机转动，在 15 s 内蓄电池两端电压应在 9.6 V（12 V 系统）以上，如低于 9.6 V，则可能存在故障。

2. 燃料电池

燃料电池是一种将存在于燃料与氧化剂中的化学能直接转化为电能的发电装置。它是一种能量转换装置，在工作时必须有能量（燃料）输入，才能产出电能（见图 1—14a）。

燃料电池是一种非常高效、清洁、环保的电源，而且不需要充电，只要不断供应燃料就可继续使用，因此很适合作为汽车的动力源（见图 1—14b）。

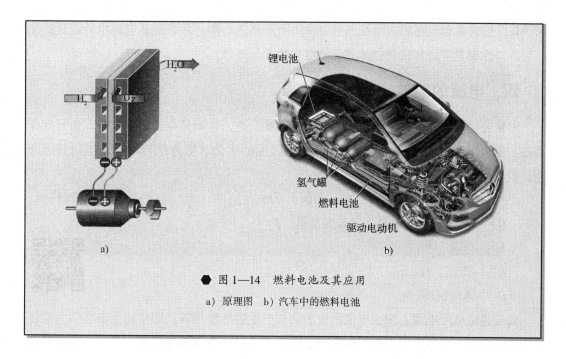

● 图 1—14 燃料电池及其应用

a) 原理图 b) 汽车中的燃料电池

三、电功和电功率

1. 电功

电流在通过用电器的过程中消耗了电能，同时产生了其他形式的能，这个能量转化的过程就是电流做功的过程。电流所做的功称为电功，其计算式为

$$W = UIt \tag{1—1}$$

电功的单位是焦耳（J），另一常用单位为千瓦时（kW·h），即"**度**"。

2. 电功率

在相同的时间内，电流通过不同的用电器所做的功，一般并不相同。例如，电流通过电动汽车的电动机所做的功，显然要比通过刮水器电动机所做的功要大得多。为了表征电流做功的快慢程度，引入了电功率这一物理量。

电流在单位时间内所做的功称为**电功率**，用字母 P 表示，单位为瓦特（W），其计算式为

$$P = \frac{W}{t} = UI \tag{1—2}$$

对于纯电阻电路，式（1—2）还可以写为

$$P = I^2 R \qquad \text{或} \qquad P = \frac{U^2}{R} \tag{1—3}$$

式（1—3）仅适用于纯电阻性设备电功率的计算。如充电器对蓄电池充电，蓄电池所消耗的功率可由 $P = UI$ 来计算，如果根据 $P = I^2 R$ 或 $P = \frac{U^2}{R}$（R 为蓄电池组的总内阻）

来计算，则为蓄电池组总内阻在充电时发热所消耗的功率，并非是蓄电池组所消耗的全部功率（全部功率还包括转换成蓄电池组电能那一部分）。

四、电流的热效应

电流通过导体时要产生热量，使导体的温度升高，这就是电流的热效应。焦耳定律指出：电流通过导体时产生的热量，跟电流强度的平方、导体的电阻和通电时间成正比。数学表达式为

$$Q = I^2Rt \tag{1—4}$$

式中　Q——电流产生的热量，单位是焦耳，J；

I——电流，A；

R——电阻，Ω；

t——通电时间，s。

如果是纯电阻电路，那么电流所做的功与产生的热量相等，即电能全部转换为电路的热能；如果不是纯电阻电路，例如电路中有电动机、电解槽等负载，电能除部分转化为热能外，还有一部分要转化为机械能、化学能等。

五、电阻

导体在通过电流的同时也对电流起着阻碍作用，这一阻碍作用称为电阻，用 R 表示。电阻的单位为欧姆，符号为 Ω。在各种电路中，经常要用到具备一定阻值的元件，称为**电阻器**，简称**电阻**。

1. 常用电阻的外形和符号

常用电阻的外形和符号见表 1—2。

表 1—2　　　　　　　　　　　常用电阻的外形和符号

类型	名称	外形	电路符号
固定电阻	碳膜电阻		
	线绕电阻		
	金属膜电阻		

类型	名称	外形	电路符号
固定电阻	热敏电阻		
	贴片电阻		
可变电阻	滑动变阻器		
	带开关电位器		
	微调电位器		

2. 电阻的主要参数

（1）标称阻值

标称阻值即电阻的标准电阻值。电阻的常用标称系列值有 1.0、1.2、1.5、1.8、2.2、2.7、3.3、3.9、4.7、5.6、6.8、8.2 等。标称阻值可以乘以 10^n（n 为整数），例如对应于 3.3 这一标称阻值，就有 0.33 Ω、3.3 Ω、33 Ω、330 Ω、3.3 kΩ、33 kΩ 等。

（2）允许偏差

允许偏差是指电阻真实值与标称阻值之间的误差值。

（3）额定功率

额定功率也称标称功率，是指在一定的条件下，电阻连续工作所允许消耗的最大功率。常用小型电阻的标称功率一般分为 1/8 W、1/4 W、1/2 W、1 W、2 W 等，选用电阻时一定要考虑其额定功率，以保证电阻的安全工作。

3. 敏感电阻

敏感电阻是指对温度、电压、湿度、光照、气体、磁场、压力等作用敏感的电阻，如热敏电阻、压敏电阻、湿敏电阻、光敏电阻等（见图1—15）。其中，电阻值随温度升高而减小的热敏电阻称为负温度系数（NTC）的热敏电阻，电阻值随温度升高而增大的热敏电阻称为正温度系数（PTC）的热敏电阻。

a)   b)   c)   d)

图1—15　敏感电阻

a）热敏电阻　b）压敏电阻　c）湿敏电阻　d）光敏电阻

能感受规定的被测量并按照一定的规律转换成可用输出信号的器件或装置，称为传感器。利用热敏电阻对温度的敏感特性，可制成电阻式温度传感器，这在汽车电路中有广泛的应用。

链接

电阻在汽车电路中的应用

1. 可变电阻的应用

可变电阻可在一定范围内改变电阻值。汽车仪表板的照明控制和收音机的音量控制都是使用可变电阻来实现的。

图1—16所示是一种具有3个引出端的可变电阻，又称电位器。电流通过电阻搭铁，滑臂（接触弹簧）依据其在电阻片（或线圈）上的位置不同产生一个介于源电压和零电压之间的输出电压。在汽车电控系统中，电位器常用于检测某一机械部件的运动状况，如加速踏板位置传感器、节气门位置传感器（见图1—17）、燃油液位传感器等。

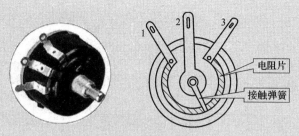

● 图 1—16　电位器

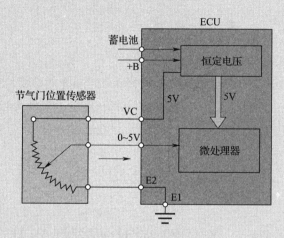

● 图 1—17　节气门位置传感器

2. 热敏电阻的应用

（1）汽车水温测量电路

汽车水温测量电路如图 1—18 所示。

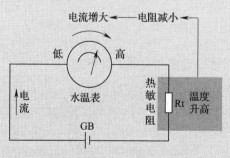

● 图 1—18　汽车水温测量电路

电路中使用的是一种 NTC 热敏电阻传感器，若汽车冷却液的温度升高，则热敏电阻的电阻值减小，通过水温表的电流增大，显示的水温值也相应升高。反之亦然。

（2）燃油低油面报警电路

燃油低油面报警电路如图 1—19 所示。

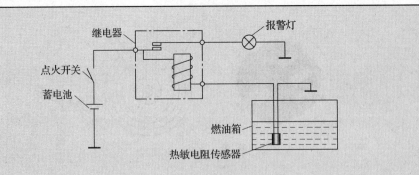

● 图 1—19　燃油低油面报警电路

图 1—19 中的热敏电阻传感器为 NTC 热敏电阻传感器。当热敏电阻传感器浸于油液中时，由于散热良好，热敏电阻的电阻值正常；而当燃油量减少时，热敏电阻传感器暴露在空气中，散热性变差，温度升高，电阻值减小。当热敏电阻传感器的电阻值减小到一定值时，线路中流过的电流增大到可以使继电器触点闭合，从而使低油面报警灯发亮报警。

§1—3　简单电路的分析

学习目标

1. 理解全电路欧姆定律和电源的外特性。
2. 掌握电阻串、并联电路的特点和应用，以及电池串、并联电路的特点和应用。

一、欧姆定律

1. 部分电路欧姆定律

不包含电源的电路称为**部分电路**，如图 1—20 所示。欧姆定律指出：通过电阻的电流跟它两端的电压成正比，与电阻的大小成反比。数学表达式为

$$I = \frac{U}{R} \qquad (1—5)$$

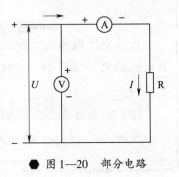

● 图 1—20　部分电路

式中　I——流过导体的电流，A；

　　　U——加在导体两端的电压，V；

　　　R——导体的电阻，Ω。

这一定律称为部分电路欧姆定律。

2. 全电路欧姆定律和电源的外特性

（1）全电路欧姆定律

全电路是含有电源的闭合电路，如图1—21所示，包括电源、用电器和导线等。电源内部的电路称为**内电路**，如发电机的绕组、蓄电池内的电解质溶液等。电源内部的电阻称为**内电阻**，简称**内阻**。电源外部的电路称为**外电路**，外电路中的电阻称为**外电阻**。

全电路欧姆定律的定义是：闭合电路中的电流与电源的电动势成正比，与电路的总电阻（内电路电阻与外电路电阻之和）成反比，表达式为

$$I = \frac{E}{R + r} \tag{1—6}$$

由式（1—6）可得

$$E = IR + Ir = U_外 + U_内 \tag{1—7}$$

式中，$U_内$为内电路的电压降；$U_外$为外电路的电压降，也是电源两端的电压。这样，全电路欧姆定律又可表述为：电源电动势等于$U_外$和$U_内$之和。

图1—22中折线上各点表示电路中各处对应的电位。

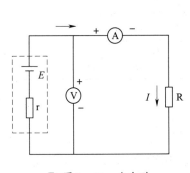

● 图1—21　全电路

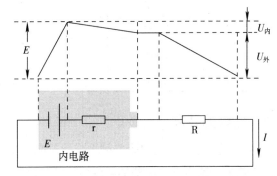

● 图1—22　电源电动势 $E = U_内 + U_外$

（2）电源的外特性

由全电路欧姆定律可知，当电源电动势 E 和内阻 r 一定时，电源端电压 U 将随负载电流 I 的变化而变化。人们把电源端电压随负载电流变化的关系特性称为**电源的外特性**，其关系特性曲线称为电源的外特性曲线，如图1—23所示。由图可见，**电源端电压 U 随着电流 I 的增大而减小**。电源内阻越大，直线倾斜得越厉害；直线与纵轴交点的纵坐标表示电源电动势的

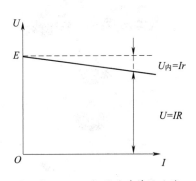

● 图1—23　电源的外特性曲线

大小 （$I = 0$ 时，$U = E$）。

二、电阻的串联和并联

1. 电阻的串联

把两个或两个以上的电阻依次连接起来，就组成了串联电路。图 1—24 所示为两个电阻组成的串联电路及其等效电路。电阻串联电路的特点见表 1—3。

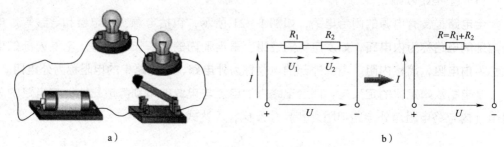

◆ 图 1—24　电阻的串联电路及其等效电路

a）电阻的串联电路　b）等效电路

表 1—3　　　　　　　　　　　　　　电阻串联电路的特点

两个电阻	等效电阻 R	$R = R_1 + R_2$
	分压公式	$U_1 = \dfrac{UR_1}{R_1 + R_2}$　$U_2 = \dfrac{UR_2}{R_1 + R_2}$
多个电阻	电压 U	$U = U_1 + U_2 + U_3 + \cdots + U_n$
	等效电阻 R	$R = R_1 + R_2 + R_3 + \cdots + R_n$
	电流 I	$\dfrac{U_1}{R_1} = \dfrac{U_2}{R_2} = \cdots = \dfrac{U_n}{R_n}$
	功率 P	$P = P_1 + P_2 + P_3 + \cdots + P_n = I^2 R_1 + I^2 R_2 + I^2 R_3 + \cdots + I^2 R_n$

2. 电阻的并联

把两个或两个以上的电阻并列地连接起来，由同一电压供电，就组成了并联电路。图 1—25 所示为由两个电阻组成的并联电路及其等效电路。电阻并联电路的特点见表 1—4。

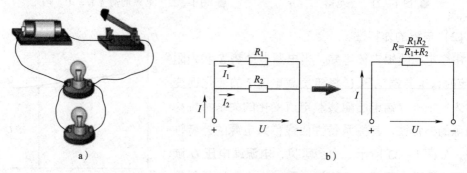

◆ 图 1—25　电阻的并联电路及其等效电路

a）电阻的并联电路　b）等效电路

表1—4		电阻并联电路的特点
两个电阻	等效电阻 R	$R = \dfrac{R_1 R_2}{R_1 + R_2}$
	分流公式	$I_1 = \dfrac{IR_2}{R_1 + R_2} \qquad I_2 = \dfrac{IR_1}{R_1 + R_2}$
多个电阻	电压 U	$IR = I_1 R_1 = I_2 R_2 = \cdots = I_n R_n$
	等效电阻 R	$\dfrac{1}{R} = \dfrac{1}{R_1} + \dfrac{1}{R_2} + \dfrac{1}{R_3} + \cdots + \dfrac{1}{R_n}$
	电流 I	$I = I_1 + I_2 + I_3 + \cdots + I_n$
	功率 P	$P = P_1 + P_2 + P_3 + \cdots + P_n = \dfrac{U^2}{R_1} + \dfrac{U^2}{R_2} + \dfrac{U^2}{R_3} + \cdots + \dfrac{U^2}{R_n}$

凡是额定工作电压相同的负载都可以采用并联的工作方式。例如，家庭中使用的电灯、电风扇、电视机、电冰箱、洗衣机等用电器，都是并联在电路中，并各自安装一个开关，它们可以分别控制，互不影响，如图1—26所示。

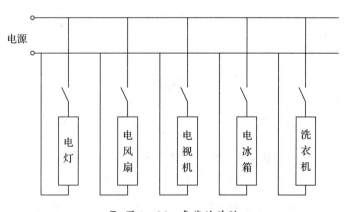

❖ 图1—26　负载的并联

又如，汽车中的用电器大都采用并联方式连接，如图1—27所示。几乎每条支路都有自己的控制器件，如果其中一个负载或支路出现高电阻或断开状况，其他支路仍可

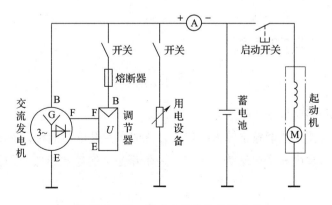

❖ 图1—27　汽车电路中的并联方式

正常工作。汽车的并联支路中接有熔断保护装置，如某一支路因故障导致电流过大，熔丝将会熔断，从而断开故障电路，不会影响其他并联电路中用电器的正常工作。

三、电池的串联和并联

1. 电池的串联

当用电器的额定电压高于单个电池的电动势时，可以将多个电池串联起来使用，称为串联电池组，如图1—28所示。例如，晶体管收音机、手电筒等就是采用串联电池组。

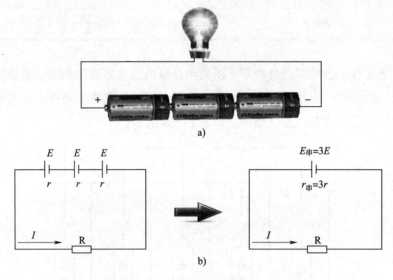

◆ 图1—28 串联电池组及其等效电路
a）串联电池组 b）等效电路

设串联电池组是由 n 个电动势都是 E、内阻都是 r 的电池组成，则串联电池组的总电动势

$$E_{串} = nE$$

串联电池组的总内阻

$$r_{串} = nr$$

串联电池组所能提供的电流为

$$I = \frac{nE}{R + nr}$$

2. 电池的并联

有些用电器需要电池能输出较大的电流，这时可用并联电池组，如图1—29所示。

设并联电池组是由 n 个电动势都是 E、内阻都是 r 的电池组成，则并联电池组的总电动势

$$E_{并} = E$$

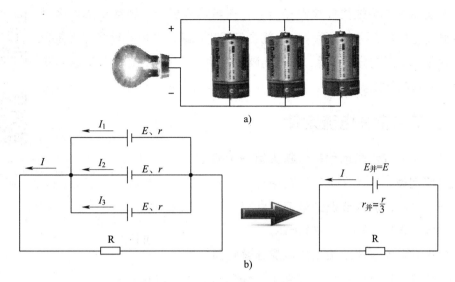

● 图1—29　并联电池组及其等效电路

a）并联电池组　b）等效电路

并联电池组的总内阻

$$r_并 = \frac{r}{n}$$

并联电池组所能提供的电流为

$$I = I_1 + I_2 + I_3 + \cdots + I_n$$

例如，丰田RAV4电动汽车的电池包中放置有24块电池模块，每一个电池模块又都是由10个单体电池并联组成的。

使用电池时应注意，通常情况下，不得将不同容量或不同电动势、不同内阻的电池进行串并联使用，否则易造成个别电池内部"发热"或"充电"现象，使电池损坏或缩短使用寿命。

§1—4　复杂电路的分析

学习目标

1. 了解基尔霍夫电流定律和基尔霍夫电压定律。
2. 了解直流电桥及其应用。

一个实际的电路往往包含许多元件，在电路分析中，经常会遇到经过串、并联简化后仍有两个或两个以上闭合回路的电路，这样的电路称为**复杂电路**。对复杂电路的分析计算，只应用欧姆定律是不够的，还要借助基尔霍夫定律等定律和法则。

一、基尔霍夫电流定律

基尔霍夫电流定律也称**基尔霍夫第一定律**或**节点电流定律**。其定义是：电路中任一节点上，在任一时刻，流入**节点**的电流之和等于流出节点的电流之和，如图1—30所示。

基尔霍夫电流定律的依据是**电流连续性原理**，也就是说，在电路中任一节点上，任何时刻都不会产生电荷的堆积或减少，所有流进节点的电荷必须全部流出该节点。

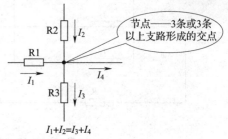

◆ 图1—30　基尔霍夫电流定律示意图

如果把流入节点的电流规定为正，流出节点的电流规定为负，则基尔霍夫电流定律还可以表述为各节点支路电流的代数和恒等于零，即

$$\sum i = 0 \tag{1—8}$$

利用基尔霍夫电流定律进行电路分析或计算时要注意如下两点：

（1）合理选取节点，这样可以简化对复杂电路的分析和计算。

（2）电流的参考方向可以任意规定，如果计算的结果为负值，则表明实际电流的方向与电流的参考方向相反。

二、基尔霍夫电压定律

基尔霍夫电压定律也称**基尔霍夫第二定律**或**回路电压定律**，其定义是：在任何一个闭合回路中，各段电阻上的电压降的代数和等于电动势的代数和，即

$$\sum IR = \sum E \tag{1—9}$$

基尔霍夫电压定律也可以这样表述：从一点出发绕回路一周回到该点时，各段电压的代数和恒等于零，即

$$\sum U = 0 \tag{1—10}$$

利用基尔霍夫电压定律进行电路分析或计算时要注意如下三点：

（1）回路的"绕行方向"是任意选定的，一般以虚线表示。在列写回路电压方程时通常规定，电压的参考方向与回路"绕行方向"相同时，取正号；参考方向与回路"绕行方向"相反时，取负号，如图1—31所示。

在图 1—31 所示的电路中，1、2、3、4 表示一个元件或一条支路。回路 *ABCDA* 各支路的电压在所选择的参考方向下，为 u_1、u_2、u_3、u_4，根据选定的回路"绕行方向"有

$$u_1 + u_2 - u_3 - u_4 = 0$$

（2）基尔霍夫电压定律不仅适用于电路中的具体回路，还可以推广应用于电路中的任一假想回路。即在任一瞬间，沿回路绕行方向，电路中假想的回路中各段电压的代数和为零。

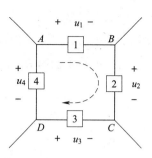

● 图 1—31　基尔霍夫电压定律示意图

设图 1—32 为某电路中的一部分，路径 *f*、*b*、*c*、*g* 并未构成回路，选定图中所示的回路"绕行方向"，对假想的回路 *fbcgf* 列出电压方程有

$$-u_6 + u_5 - u_{fg} = 0$$

即

$$u_{fg} = u_5 - u_6$$

由此可见，电路中任意两点间的电压 u_{ab}，等于以 *a* 为原点、以 *b* 为终点，沿任一路径绕行方向上各段电压的代数和。

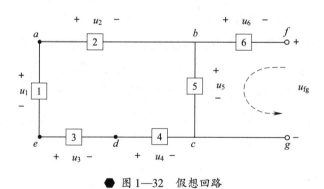

● 图 1—32　假想回路

三、直流电桥及其应用

1. 直流电桥平衡条件

电桥是测量技术中常用的一种电路形式，其种类很多，按所测量的对象不同主要分为直流电桥和交流电桥两大类。这里只介绍直流电桥，如图 1—33 所示。图中的四个电阻都称为**桥臂**，其中 R_x 是待测电阻。*B*、*D* 间接入检流计 *G*。

直流电桥为复杂电路，它有六条支路和三个独立回路，若检流计支路电流不为零，电路

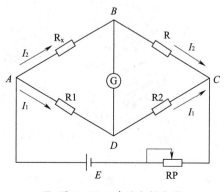

● 图 1—33　直流电桥电路

求解将较为复杂。因此需调整 R1、R2、R 三个已知电阻，直至检流计读数为零，这时称为**电桥平衡**，则可按简单电路求解。

由于电桥平衡时 B、D 两点电位相等，即

$$U_{AB} = U_{AD} \qquad U_{BC} = U_{DC}$$

因此 $\qquad\qquad\qquad R_1I_1 = R_xI_2 \qquad R_2I_1 = RI_2$

可得 $\qquad\qquad\qquad R_1R = R_2R_x$

上式说明电桥的**平衡条件**是：电桥相对臂电阻的乘积相等。利用直流电桥平衡条件可求出待测电阻 R_x 的值。

为了测量简便，R_1 与 R_2 之比常采用十进制倍率，R 则用多位十进制电阻箱，使测量结果可以有多位有效数字，并且选用精度较高的标准电阻，所以测得的结果比较准确。

电桥的另一种用法是：当 R_x 为某一定值时将电桥调至平衡，使检流计指零。当 R_x 有微小变化时，电桥失去平衡，根据检流计的指示值及其与 R_x 间的对应关系，也可间接测出 R_x 的变化情况。同时，它还可将电阻 R_x 的变化转换成电压的变化。

2. 直流电桥在汽车电路中的应用

电桥常用作传感器中的转换元件，在汽车电路中有着广泛的应用。

（1）热线式空气流量传感器

热线式空气流量传感器的结构和工作原理如图 1—34 所示。图中热线电阻（白金热线）R_H 和温度补偿电阻 R_K 分别是电桥的一个臂，精密电阻 R_A 也是电桥的一个臂，该电阻上的电压即传感器的输出电压，另一个臂 R_B 安装在控制电路板上。

发电机不工作时，电桥是平衡的。启动发电机后，空气流过热线电阻，温度降低，R_H 和 R_K 的电阻减小，电桥失去平衡，这一信号输入电控单元 ECU，空气流量传感器即可显示流过传感器的空气量。

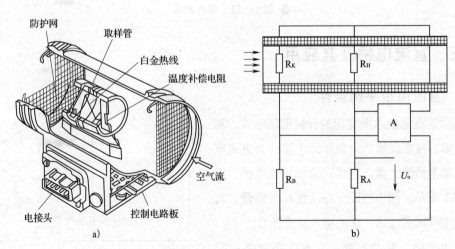

● 图 1—34　热线式空气流量传感器的结构和工作原理

a）结构　b）工作原理

（2）压敏电阻式进气压力传感器

图1—35 所示为压敏电阻式进气压力传感器。图中硅膜片的一面是真空室，另一面与进气歧管压力相通，歧管中部薄膜周围有 4 个压敏电阻连接成电桥，随着进气歧管内绝对压力的增高，硅膜片的变形增大，压敏电阻的电阻值相应发生变化，电桥失去平衡并输出电信号，该信号经放大后又输入电控单元 ECU，从而调节发动机的进气量。

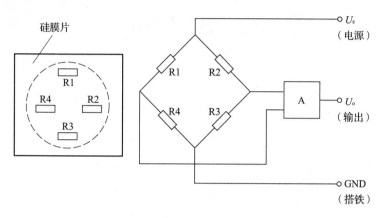

● 图1—35 压敏电阻式进气压力传感器

第二章
—— 磁场与电磁感应

§2—1　磁　　场

学习目标

1. 会应用右手螺旋定则确定通电长直导线和通电螺线管的磁场方向。
2. 理解磁感应强度、磁通、磁导率的概念。
3. 了解铁磁材料的分类和应用。
4. 了解电磁元件在汽车电路中的应用。

一、磁场

当两个磁极靠近时，它们之间就会发生相互作用，**同名磁极相互排斥，异名磁极相互吸引**。

两个磁极互不接触，却存在相互作用力，这是为什么呢？原来在磁体周围的空间中存在着一种特殊的物质——磁场。

磁铁并不是磁场的唯一来源。如图2—1所示，当把一根水平放置的通电导线平行地移近一磁针上方时，磁针立即发生偏转。上述现象说明，电流周围存在着磁场。

二、磁感线

在玻璃板上均匀地撒一层细铁屑，然后把一块蹄形磁铁放在玻璃板下面。轻敲玻璃板，铁屑转动静止后，便有序地排列起来（见图2—2）。观察铁屑的分布情况，可以看

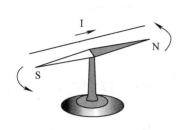

● 图2—1　通电导线使磁针偏转

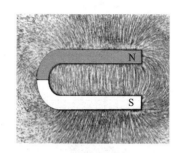

● 图2—2　用铁屑模拟磁场分布图

出，在磁极附近，铁屑最为密集，表明磁场最强。再在玻璃板上不同位置放一些小磁针，根据铁屑的分布和磁场中各点的小磁针 N 极的指向，人们可以画出曲线来描述磁场。这样的曲线称为**磁感线**（见图2—3）。在这些曲线上，每一点的切线方向就是该点的磁场方向，也就是放在该点的磁针 N 极所指的方向。

实验表明，各种不同形状的磁铁或通电导线产生的磁感线是不同的，图2—4 所示为条形磁铁的磁感线。

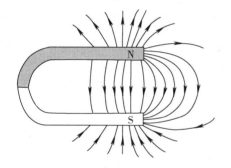

● 图2—3　蹄形磁铁的磁感线

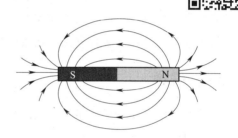

● 图2—4　条形磁铁的磁感线

通电长直导线及通电螺线管的磁场方向可用右手螺旋定则来确定，具体方法见表2—1。

表2—1　　　　　　　　　　　　　　右手螺旋定则

通电长直导线	通电螺线管
用右手握住导线，让伸直的大拇指所指的方向跟电流的方向一致，则弯曲的四指所指的方向就是磁感线的环绕方向	用右手握住通电螺线管，让弯曲的四指所指的方向跟电流的方向一致，则大拇指所指的方向就是螺线管内部磁感线的方向，也就是通电螺线管的磁场 N 极的方向

续表

通电长直导线	通电螺线管
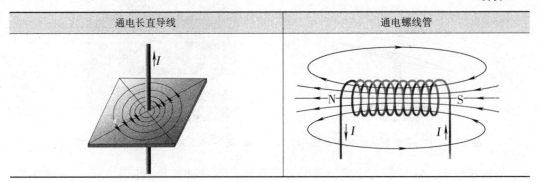	

三、磁感应强度

磁场的强弱用磁感应强度（B）表示。它的大小是这样定义的：将 1 m 长的导线垂直于磁场方向放入磁场中，并通以 1 A 的电流，如果受到的磁场力为 1 N，则导线所处磁场的磁感应强度为 1 特斯拉（T）。

磁场越强，磁感应强度越大；磁场越弱，磁感应强度越小。 普通永磁体磁极附近的磁感应强度一般为 0.4～0.7 T，电动机和变压器铁芯中心的磁感应强度为 0.8～1.4 T，地面附近地磁场的磁感应强度只有 0.000 05 T。

四、磁通

为了定量地描述磁场在某一范围内的分布及变化情况，引入磁通这一物理量。

设在磁感应强度为 B 的均匀磁场中，有一个与磁场方向垂直的平面，面积为 S，则把 B 与 S 的乘积定义为穿过这个平面的磁通量（见图 2—5a），简称磁通。用 Φ 表示磁通，则有

$$\Phi = BS \qquad\qquad (2—1)$$

磁通的单位是韦伯（Wb），简称韦。

如果磁场方向不与所讨论的平面垂直（见图 2—5b），则应以这个平面在垂直于磁场方向上的投影面积 S' 与 B 的乘积来表示磁通。

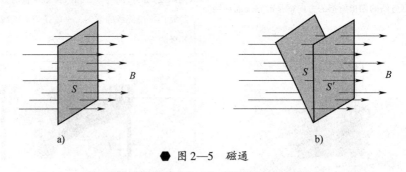

● 图 2—5　磁通

a）平面与磁场方向垂直　b）平面与磁场方向不垂直

当面积一定时，通过该面积的磁感线越多，磁通越大，磁场越强。这一概念在电气工程上有极其重要的意义，如变压器、电动机、电磁铁等就是通过尽可能地减小漏磁通，增强一定铁芯截面下的磁场强度来提高其工作效率的。

五、磁导率

如果用一个插有铁棒的通电线圈去吸引铁屑，然后把通电线圈中的铁棒换成铜棒再去吸引铁屑，便会发现在两种情况下吸力大小不同，前者比后者大得多。这表明不同的媒介质对磁场的影响不同，影响的程度与媒介质的导磁性能有关。

磁导率就是一个用来表示媒介质导磁性能的物理量，用 μ 表示，其单位为 H/m（亨/米）。由实验测得真空中的磁导率 $\mu_0 = 4\pi \times 10^{-7}$ H/m，为一常数。

自然界中大多数物质对磁场的影响甚微，只有少数物质对磁场有明显的影响。为了比较媒介质对磁场的影响，人们把任一物质的磁导率与真空的磁导率的比值定义为**相对磁导率**，用 μ_r 表示，即

$$\mu_r = \frac{\mu}{\mu_0} \tag{2—2}$$

相对磁导率只是一个比值。它表明在其他条件相同的情况下，媒介质中的磁感应强度是真空中磁感应强度的多少倍。

六、铁磁材料的分类和应用

根据相对磁导率的大小，可把物质分为三类：

1. 顺磁物质

如空气、铝、铬、铂等，其 μ_r 稍大于1。

2. 反磁物质

如氢、铜等，其 μ_r 稍小于1。

顺磁物质与反磁物质一般被称为**非铁磁性材料**。

3. 铁磁物质

如铁、钴、镍、硅钢、坡莫合金、铁氧体等，其相对磁导率 μ_r 远大于1，可达几百甚至数万以上，且不是一个常数。铁磁物质被广泛应用于电工技术及计算机技术等方面。

根据不同的特点，可把铁磁材料分为三类，见表2—2。

表2—2　　　　　　　　　　　铁磁材料的分类

名称	特点	典型材料及用途
硬磁材料	不易磁化 不易退磁	碳钢、钴钢等，适合制作永久磁铁、扬声器的磁钢，在各种电磁式仪表中有较多应用

续表

名称	特点	典型材料及用途
软磁材料	容易磁化 容易退磁	硅钢、电解铁、铁镍合金等，适合制作电动机、变压器、继电器等设备中的铁芯，如汽车发电机的定子、电动机的转子、高压线圈的铁芯等
矩磁材料	很易磁化 很难退磁	锰镁铁氧体、锂锰铁氧体等，适合制作磁带、计算机的磁盘

链接

汽车电路中的电磁继电器

电磁继电器是一类用小电流控制大功率电路通断的开关，主要由线圈、铁芯、衔铁及触点组成，其外形和基本结构如图 2—6a 和图 2—6b 所示。

a)

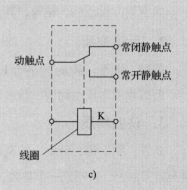

b)   c)

◆ 图 2—6 　电磁继电器的基本结构和符号

a) 外形 　b) 基本结构 　c) 电路符号

当线圈不通电时，衔铁在返回弹簧的拉引下，动触点紧压在常闭静触点上，动触点与常闭静触点接通，而与常开静触点分开。

当线圈通以正常电流后，电流的磁场将衔铁吸向铁芯，动触点与常闭静触点分开，而紧压在常开静触点上，动触点与常开静触点接通。

现代汽车上装有各种类型和品种的继电器有数十个甚至数百个，其中不乏电磁继电器。图 2—7 所示为汽车常用电磁继电器。

◆ 图 2—7　汽车常用电磁继电器

§2—2　磁场对电流的作用

学习目标

1. 会应用左手定则判断通电直导体在磁场中所受电磁力的方向。
2. 理解直流电动机的工作原理。
3. 了解霍尔元件的特性及其在汽车电路中的应用。

一、磁场对电流的作用

两个永久磁铁相互靠近，由于磁场彼此作用，它们相互间具有作用力。电流通过导体，在导体周围会产生磁场，若将它放进另一个永久磁铁的磁场中，显然也会受到作用力，这个力称为**电磁力**。

通电直导体在磁场内的受力方向可用**左手定则**来判断。如图 2—8 所示，平伸左手，使大拇指与其余四个手指垂直，并且都跟手掌处在同一个平面内，让磁感线垂直穿入掌心，

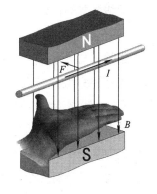

◆ 图 2—8　左手定则

并使四指指向电流的方向，则大拇指所指的方向就是通电直导体所受电磁力的方向。

一个垂直于磁场的通电直导体在磁场中受到的磁场力 F 的大小由下式决定：

$$F = BIL \tag{2—3}$$

式中　B——磁感应强度，T；

I——电流，A；

L——直导体长度，m。

如果通电直导体与磁场不垂直，则磁场对电流的作用力比垂直时要小；如果两者平行，则作用力为零。

二、直流电动机的工作原理

利用磁场对电流的作用，人们制成了电动机。图 2—9 所示为直流电动机的原理图。图2—10所示为实际应用的直流电动机的结构图，它主要由定子绕组（又称励磁绕组、永磁磁极）、转子、电刷和换向器等组成。

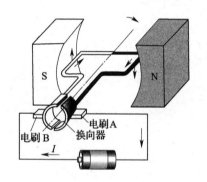

● 图 2—9　直流电动机原理图

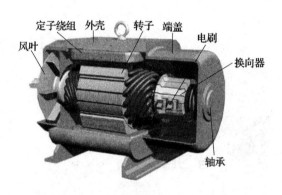

● 图 2—10　直流电动机结构图

图 2—9 中，线圈的旋转方向可按左手定则判断，当线圈平面与磁感线平行时，线圈在 N 极一侧的部分所受电磁力向下，在 S 极一侧的部分所受电磁力向上，线圈按顺时针方向转动，这时线圈所产生的转矩最大。当线圈平面与磁感线垂直时，电磁转矩为零，但线圈靠惯性仍继续转动。通过换向器的作用，与电源负极相连的电刷 A 始终与转到 N 极一侧的导线相连，电流方向恒为由电刷 A 流出线圈；与电源正极相连的电刷 B 始终与转到 S 极一侧的导线相连，电流方向恒为由电刷 B 流入线圈。因此，线圈始终能按顺时针方向连续旋转。

汽车上用到的直流电动机有很多，其中汽车起动机内是一个功率较大的电动机，如图 2—11 所示。此外，还有多个功率较小的微型直流电动机，如图 2—12 所示。

● 图 2—11　汽车起动机

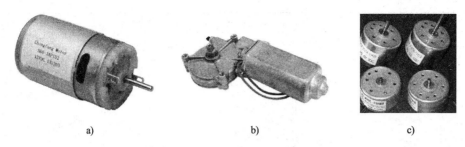

❖ 图 2—12　汽车用微型直流电动机
a）头枕座椅用电动机　b）刮水器电动机　c）音响用微型电动机

　　许多利用永久磁铁来使通电线圈偏转的磁电式仪表，也都是利用这一原理制成的，如图 2—13 所示。

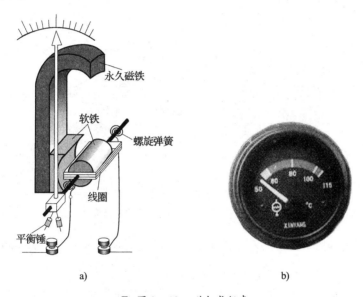

❖ 图 2—13　磁电式仪表
a）原理　b）汽车上的水温表

链接

霍尔元件在汽车电路中的应用

　　如图 2—14 所示，磁感应强度为 B 的磁场垂直作用于一块矩形半导体薄片，若在 a、b 方向通入电流 I，则在与电流和磁场垂直的方向上产生电压 U_H，这种现象称为**霍尔效应**。改变 I 或 B，或两者同时改变，均会引起 U_H 的变化。

　　根据霍尔效应，人们用半导体材料制成的元件称为**霍尔元件**，如图 2—15 所示。用霍尔元件来作为线性传感器或开关型传感器，具有对磁场敏感、结构简单、体积小、频率响应宽、输出电压变化大和使用寿命长等优点，因此，其广泛应用于检测、自动化、计算机和信息技术等领域。

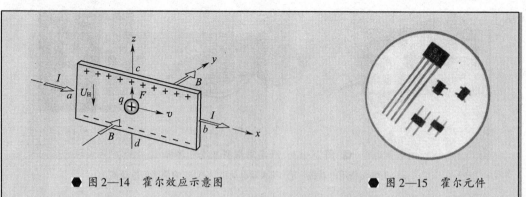

●图2—14 霍尔效应示意图　　　　　●图2—15 霍尔元件

目前，在许多汽车的防抱死制动系统中，都是采用霍尔轮速传感器来检测轮速的，其安装位置如图2—16所示。

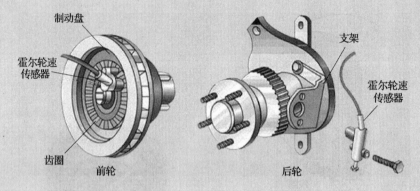

●图2—16 霍尔轮速传感器的安装位置

霍尔轮速传感器由传感头和齿圈组成。传感头由永磁体、霍尔元件和电子电路等组成，永磁体的磁感线穿过霍尔元件通向齿圈，如图2—17所示。

当齿圈位于图2—17a所示位置时，穿过霍尔元件的磁感线分散；而当齿轮位于图2—17b所示位置时，穿过霍尔元件的磁感线集中。齿圈转动时，穿过霍尔元件的磁感线密度不断发生变化，从而引起霍尔电压的变化，霍尔元件将输出一个个相应的信号电压，再由电控单元ECU进行处理。

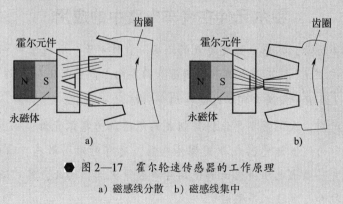

●图2—17 霍尔轮速传感器的工作原理

a) 磁感线分散　 b) 磁感线集中

§2—3　电磁感应

学习目标

1. 理解感应电动势的概念，会应用右手定则确定感应电动势的方向。
2. 了解楞次定律、法拉第电磁感应定律。
3. 了解发电机的工作原理。
4. 了解自感和互感的应用，会判断互感线圈的同名端。
5. 了解涡流的利与害。

一、电磁感应现象

在图 2—18a 所示实验中，当导体垂直于磁感线在水平方向做切割磁感线运动时，可以明显地观察到检流计指针有偏转，这说明导体回路中有电流通过。而当导体平行于磁感线方向运动时，检流计指针不偏转，说明导体回路中不产生电流。

在图 2—18b 所示实验中，当用一块条形磁铁快速插入线圈时，会观察到检流计指针向一个方向偏转；如果条形磁铁在线圈内静止不动，检流计指针不偏转；当将条形磁铁由线圈中迅速拔出时，又会观察到检流计指针向另一方向偏转。

上述两实验现象说明：当导体做切割磁感线运动或者线圈中的磁通发生变化时，在导体或线圈中都会产生感应电动势。若导体或线圈构成闭合回路，则导体或线圈中将有电流流过。

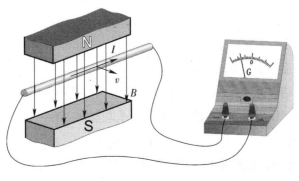

a)

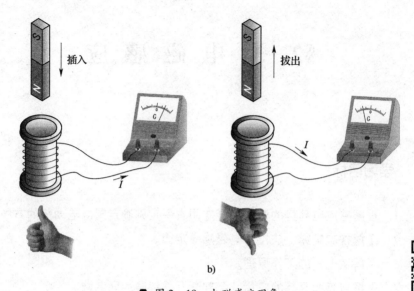

b)

◆ 图2—18 电磁感应现象

a）导体切割磁感线 b）条形磁铁快速插入和拔出线圈

二、感应电动势

1. 直导体中的感应电动势

（1）感应电动势的方向

做切割磁感线运动的导体产生的感应电动势的方向可由**右手定则**来确定：伸平右手，伸直四指，并使拇指与四指垂直，让磁感线垂直穿过掌心，使拇指指向导体运动方向，则四指所指的方向就是感应电动势的方向（或感应电流的方向），如图2—19所示。

需要注意：判断感应电动势方向时，要把导体看成是一个电源，在导体内部，感应电动势的方向由负极指向正极。感应电流的方向与感应电动势的方向相同。如果直导体不形成闭合回路，则导体中只产生感应电动势，而无感应电流。

（2）感应电动势的大小

当导体、导体运动方向和磁感线方向三者互相垂直时，导体中的感应电动势为

$$e = BLv \tag{2—4}$$

式中　B——磁感应强度，T；

　　　L——导体长度，m；

　　　v——导体运动的速度，m/s。

如果导体运动方向与磁感线方向有一夹角 α（见图2—20），则导体中的感应电动势为

$$e = BLv\sin\alpha \tag{2—5}$$

由式（2—5）可知，当导体的运动方向与磁感线垂直时（$\alpha = 90°$），导体中感应电动势最大；当导体的运动方向与磁感线平行时（$\alpha = 0°$），导体中感应电动势为零。

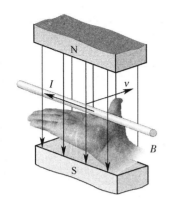

● 图2—19 右手定则

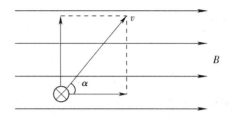

● 图2—20 导体运动方向与磁感线方
向有一个夹角 α

发电机就是应用导线切割磁感线产生感应电动势的原理发电的，如图2—21所示。实际应用中，将导线做成线圈，使其在磁场中转动，从而得到连续的电流。

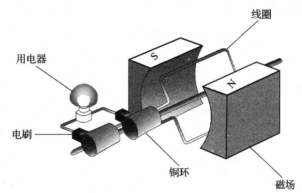

● 图2—21 发电机工作原理

2. 线圈中的感应电动势

（1）感应电动势的方向

线圈中的磁通量发生变化时，线圈中会产生感应电动势。感应电动势的方向通常由**楞次定律**再结合右手螺旋定则来确定。

楞次定律指出：**感应电流所产生的磁通总是要阻碍原有磁通的变化。**当引起感应电流的磁通量增大时，感应电流的磁场与原电流的磁场方向相反；当引起感应电流的磁通量减小时，感应电流的磁场与原电流的磁场方向相同。

实际上，直导体中的感应电动势的方向也可用楞次定律判定。

（2）感应电动势的大小

在图2—18b所示的实验中，磁铁插入或拔出的速度越快，指针偏转角度越大，反之越小。而磁铁插入或拔出的速度，反映的是线圈中磁通变化的速度。即**线圈中感应电动势的大小与线圈中磁通的变化率成正比**，这就是**法拉第电磁感应定律**。

用 $\Delta\Phi$ 表示时间间隔 Δt 内一个单匝线圈中的磁通变化量，则一个单匝线圈产生的感应电动势的大小为

$$e = \frac{\Delta\Phi}{\Delta t} \qquad\qquad (2\text{—}6)$$

如果线圈有 N 匝，则感应电动势的大小为

$$e = N\frac{\Delta\Phi}{\Delta t} \qquad\qquad (2\text{—}7)$$

三、自感

自感是一种特殊的电磁感应现象，它是由于回路自身电流变化而引起的。例如，在图 2—22 所示电路中，当流过线圈的电流发生变化时，导致穿过线圈的磁通量也随之变化，从而产生了自感电动势。

1. 自感电动势的方向

自感电动势的方向可结合楞次定律和右手螺旋定则来确定，当原来电流增大时，自感电动势与产生电流的电源电动势方向相反；当原来电流减小时，自感电动势与产生电流的电源电动势方向相同，如图 2—23 所示。

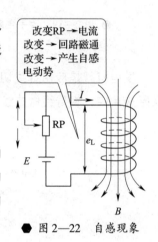

◆ 图 2—22　自感现象

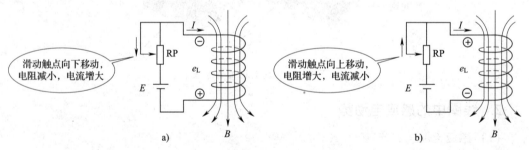

◆ 图 2—23　自感电动势的方向

a）回路电流增大时　b）回路电流减小时

2. 自感电动势的大小

自感电动势 e_L 的计算式为

$$e_L = -\frac{\Delta\Phi}{\Delta t} = -L\frac{\Delta i}{\Delta t} \qquad\qquad (2\text{—}8)$$

式中　L——自感系数，与线圈匝数、形状、大小及周围磁介质的磁导率有关，其单位为亨利，H；

　　　$\Delta\Phi$——在 Δt 时间里，穿过回路磁通量的变化量，Wb；

Δi——在 Δt 时间里，回路中电流的变化量，A。

3. 涡流

在有铁芯的线圈中通入交流电时，就有交变的磁场穿过铁芯，这时会在铁芯内部产生自感电动势并形成电流，由于这种电流形如旋涡，故称"涡流"。

涡流的热效应既有有益的一面，也有有害的一面。工业生产中可以利用涡流的热效应，采用高频电炉来冶炼金属或预加热锻件，如图2—24所示。电源变压器的铁芯总是由多层组成，并用薄层绝缘材料将各层隔开，以减小涡流损耗，如图2—25所示。

a)　　　　　　　　　　　　b)

❖ 图2—24　涡流的应用

a）高频电炉冶炼金属　b）锻件预加热

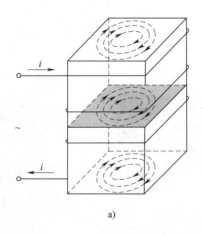
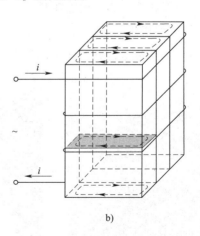

a)　　　　　　　　　　　　b)

❖ 图2—25　采用多层铁芯减小涡流损耗

a）单层铁芯涡流损耗大　b）多层铁芯涡流损耗小

链接

电磁感应的应用

1. 点火线圈

汽车点火线圈的外形如图2—26所示，其内部的电路结构如图2—27所示。

● 图 2—26 两种汽车点火线圈的外形

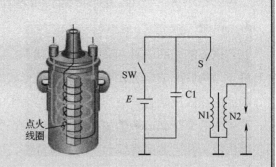

● 图 2—27 点火线圈内部的电路结构

点火线圈里面有一次绕组和二次绕组。一次绕组一端经开关装置（断电器）与车上低压直流电源（＋）连接，另一端与二次绕组一端连接后接地，二次绕组的另一端与高压线输出端连接输出高压电。

当一次绕组接通电源时，随着电流的增大，周围产生一个很强的磁场，储存了磁场能，当开关装置使一次绕组电路断开时，一次绕组的磁通迅速减小，从而使二次绕组感应出很高的电压，将火花塞点火间隙间的燃油混合气击穿形成火花，点燃混合气做功。一次绕组中磁场消失速度越快，电流断开瞬间的电流越大，两个绕组的匝数比越大，则二次绕组感应出来的电压越高。

2. 电动汽车涡流缓速器

电动汽车涡流缓速器如图 2—28 所示。

● 图 2—28 电动汽车涡流缓速器

a）涡流缓速器开关 b）涡流缓速器安装位置

电动汽车涡流缓速器利用涡流产生的制动力矩来节制车速，由于涡流缓速器的转子与定子之间存在间隙，所以在汽车运行中，可以自由转动，不存在摩擦，可以有效防止制动过热造成的制动失灵。与传统的机械盘式制动器相比，其不仅响应时间快，制动效果好，而且故障率极低，使用寿命大为延长。

四、互感

互感是另一种特殊的电磁感应现象：当一个回路中的电流发生变化时，将引起附近其他回路的磁通量发生变化，从而在别的回路里产生感应电动势，如图 2—29 所示。

1. 互感电动势的大小和方向

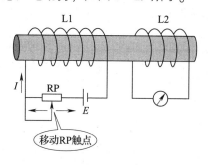

◆ 图 2—29　互感现象

$$e_{2M} = -N_2 \frac{\Delta \Phi_{12}}{\Delta t} = -M_{12} \frac{\Delta i_1}{\Delta t} \qquad (2—9)$$

式中　N_2——发生互感的线圈匝数；

　　　$\Delta \Phi_{12}$——在 Δt 时间里，产生磁通的电流在发生互感的线圈中磁通量的变化量，Wb；

　　　M_{12}——互感系数，与线圈匝数、形状、大小及周围磁介质的磁导率有关，互感的单位也是亨利，H。

互感电动势方向的确定与自感电动势方向的确定类似。

2. 同名端

在电力传送和电子电路中，人们为了保证电路的安全性、独立性和匹配性，避免相邻回路间的直接连接，经常利用互感将交变电力或交变电信号由一个回路传到另一个回路。在实际应用中，往往需要了解互感电动势的正、负极性。为此，引入了同名端的概念。

人们把由于线圈绕向一致而产生感应电动势的极性始终保持一致的端子称为线圈的同名端，用"·"或"*"表示。例如，图 2—30 中 L1、L2 和 L3 三个线圈的①、③、⑥为一组同名端，而②、④、⑤为另一组同名端。

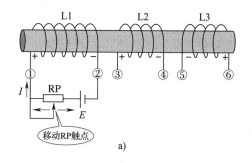

a)

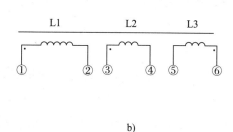

b)

◆ 图 2—30　互感线圈的同名端

a）互感电动势的极性　b）同名端的常用符号

第三章

—— 交流电

§3—1 交流电的基本概念

学习目标

1. 了解交流电的产生。
2. 理解正弦交流电的周期、频率、角频率、最大值、有效值、相位及相位差的概念。
3. 掌握正弦交流电的解析式表示法和波形图表示法。

汽车所有用电设备皆由蓄电池和发电机两个电源供电。当起动机启动时，由蓄电池单独供电；当发动机低速运转时，发电机和蓄电池联合供电；当发动机中速或高速运转时，发电机单独供电，并向蓄电池充电；当同时用电的设备过多、负载过大而超过发电机供电能力时，蓄电池又与发电机一起联合供电。

汽车发电机发出的是交流电，必须经过整流设备转换后，才能为汽车提供其所需要的直流电。

按正弦规律变化的交流电称为**正弦交流电**，通常所说交流电就是正弦交流电，图形符号用"~"表示。不按正弦规律变化的交流电称为**非正弦交流电**。

稳恒直流电、正弦交流电和非正弦交流电的波形见表3—1。

表3—1		稳恒直流电、正弦交流电和非正弦交流电的波形	
稳恒直流电	正弦交流电	非正弦交流电	
		锯齿波	方波

一、交流电的产生

作为能源使用的交流电是由交流发电机提供的。图3—1a所示为单相交流发电机的结构示意图。

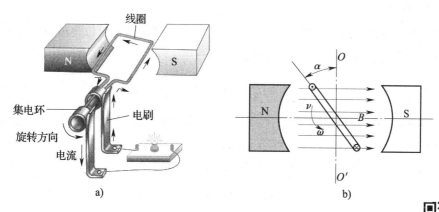

线圈

集电环

电刷

旋转方向

电流

a)

α　O

v　B

ω

O'

b)

◆ 图3—1　单相交流发电机原理图

a）结构示意图　b）线圈位置图

当线圈在匀强磁场中以角速度 ω 逆时针匀速转动时，由于导线切割磁感线，线圈将产生感应电动势。设磁感应强度为 B，磁场中线圈的长度为 L，则当线圈旋转至与中性面的夹角为 α 时，如图3—1b所示，其单侧线圈所产生的感应电动势为 $e' = BLv\sin\alpha$，即 $e' = BLv\sin\omega t$。所以整个线圈所产生的感应电动势为

$$e = 2BLv\sin\omega t \tag{3—1}$$

式中，$2BLv$ 为感应电动势的最大值，若记为 E_m，则

$$e = E_\mathrm{m}\sin\omega t \tag{3—2}$$

式（3—2）为正弦交流电动势的**瞬时值表达式**，也称**解析式**。若从线圈平面与中性面成一夹角 φ_0 时开始计时，则公式为

$$e = E_{m}\sin(\omega t + \varphi_{0}) \tag{3—3}$$

正弦交流电压、电流等表达式与此相似。

二、正弦交流电的周期、频率和角频率

1. 周期

交流电每重复变化一次所需的时间称为周期，用符号 T 表示，单位是秒（s）。如图 3—2 所示交流电的周期为 0.02 s。

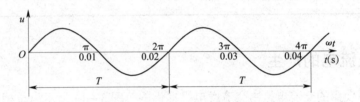

● 图 3—2　正弦交流电波形

2. 频率

交流电在 1 s 内重复变化的次数称为频率，用符号 f 表示，单位是赫兹（Hz）。

根据定义可知，周期和频率互为倒数，即

$$f = \frac{1}{T} \quad 或 \quad T = \frac{1}{f} \tag{3—4}$$

例如，我国动力和照明用电的标准频率为 50 Hz（习惯上称为**工频**）。少数国家采用 60 Hz 的频率。又如，人们可听到的音频信号频率为 20 Hz ~ 20 kHz，高频感应电炉的电源频率为 200 ~ 300 kHz，我国电视广播的频率为几十兆赫兹到几百兆赫兹等。

3. 角频率

正弦交流电每秒内变化的电角度称为角频率，用符号 ω 表示。因为正弦交流电变化一周可用 2π rad（或 360°）来计量，所以角频率为

$$\omega = \frac{2\pi}{T} = 2\pi f \tag{3—5}$$

角频率的单位是弧度/秒（rad/s）。例如，50 Hz 所对应的角频率是 100π rad/s，即 314 rad/s。

三、正弦交流电的最大值和有效值

1. 最大值

正弦交流电在一个周期内所能达到的最大瞬时值称为正弦交流电的最大值（又称**峰**

值、幅值)。最大值用大写字母加下标 m 表示,如 E_m、U_m、I_m。

2. 有效值 (均方根值)

因为交流电的大小是随时间变化的,所以在研究交流电的功率时,采用最大值就不够方便,通常用有效值来表示。有效值是这样规定的:使交流电和直流电加在同样阻值的电阻上,如果在相同的时间内产生的热量相等,就把这一直流电的大小称为相应交流电的有效值(见图 3—3)。有效值用大写字母表示,如 E、U、I。**电工仪表测出的交流电数值及通常所说的交流电数值都是指有效值**。正弦交流电的有效值和最大值之间有如下关系:

$$有效值 = \frac{1}{\sqrt{2}} \times 最大值 \approx 0.707 \times 最大值 \tag{3—6}$$

同样,正弦交流电动势的有效值 E 与电压的有效值 U 分别为

$$E = \frac{E_m}{\sqrt{2}} \approx 0.707 E_m$$

$$U = \frac{U_m}{\sqrt{2}} \approx 0.707 U_m$$

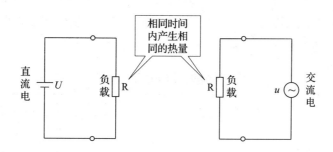

● 图 3—3 交流电的有效值

四、正弦交流电的相位与相位差

1. 相位

在式(3—3)中,$\omega t + \varphi_0$ 表示在任意时刻线圈平面与中性面所成的角度,这个角度称为**相位角**,也称**相位**或**相角**,它反映了交流电变化的进程。式中,φ_0 为正弦量在 $t=0$ 时的相位,称为**初相位**,也称**初相角**或**初相**。

交流电的初相可以为正,也可以为负。若 $t=0$ 时正弦量的瞬时值为正,则初相为正(见图 3—4a);若 $t=0$ 时正弦量的瞬时值为负,则初相为负(见图 3—4b)。

初相通常用不大于 180° 的角来表示。例如,$i = 50\sin(\omega t + 240°)$ 应记为 $i = 50\sin(\omega t - 120°)$。

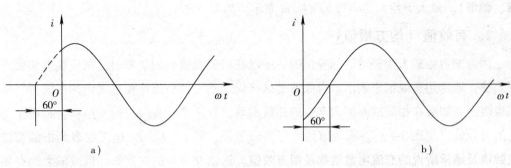

● 图 3—4　相位的正负

a）初相为正　b）初相为负

2. 相位差

两个同频率交流电的相位之差称为相位差，用符号 φ 表示，即

$$\varphi = (\omega t + \varphi_1) - (\omega t + \varphi_2) = \varphi_1 - \varphi_2 \qquad (3—7)$$

如果交流电 e_1 比另一个交流电 e_2 提前达到零值或最大值，则称 e_1 **超前** e_2，或称 e_2 **滞后** e_1；若两个交流电同时达到零值或最大值，即两者的初相位相等，则称它们同相位，简称**同相**；若一个交流电达到正的最大值时，另一个交流电同时达到负的最大值，即它们的初相位相差 180°，则称它们反相位，简称**反相**；若两个正弦交流电的相位差 $\varphi = 90°$，则称它们**正交**。相应波形图参见表 3—2。

表 3—2　　　　　　　　　　两个同频率交流电的相位关系

波形图	相位关系
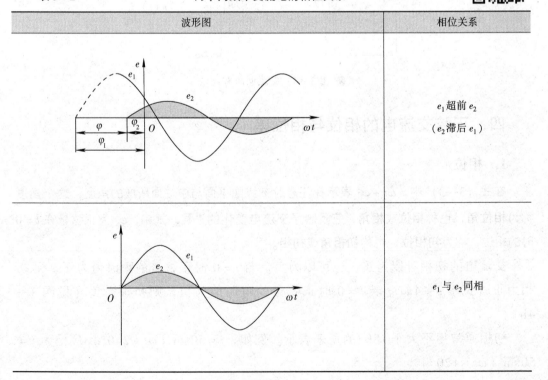	e_1 超前 e_2 （e_2 滞后 e_1）
	e_1 与 e_2 同相

续表

波形图	相位关系
	e_1 与 e_2 反相
	e_1 与 e_2 正交

综上所述，正弦交流电的最大值反映了正弦量的变化范围，角频率反映了正弦量的变化快慢，初相位反映了正弦量的起始状态。它们是表征正弦交流电的三个重要物理量。知道了这三个量就可以唯一确定一个交流电，写出其瞬时值的表达式，因此常把最大值、角频率和初相位称为**正弦交流电的三要素**。

§3—2　电容器和电感器

学习目标

1. 了解电容器的结构和类型，理解电容的概念，掌握确定平行板电容器电容大小的因素。

2. 理解电容器的充、放电特性，能用万用表大致判断大容量电容器的质量好坏。

3. 理解容抗的概念，掌握电容"隔直流，通交流，阻低频，通高频"的特性。

4. 了解电感器的结构和类型，理解电感的概念。

5. 理解感抗的概念，掌握电感"通直流，阻交流，通低频，阻高频"的特性。

电容器通常简称**电容**，电感器通常简称**电感**，它们都是**储能元件**，在电工和电子技术中有广泛的应用，而且经常一起配合使用。

一、电容器

1. 电容器的结构和类型

电容器的基本结构如图 3—5 所示，两个相互绝缘又靠得很近的金属片（导体）就组成了一个电容器。这两个金属片称为电容器的两个极板，中间的绝缘材料称为电容器的介质。例如图 3—6 所示纸介电容器，就是在两块铝箔（或锡箔）之间插入纸介质，卷绕成圆柱形而构成的。

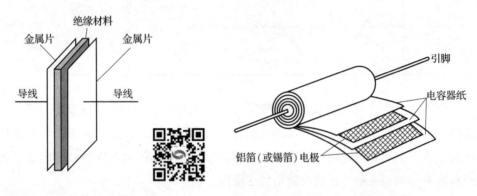

● 图 3—5　电容器的基本结构　　　　● 图 3—6　纸介电容器

电容器按电容是否可变，分为固定电容器和可变电容器；按绝缘介质的不同，又可分为空气、纸质、云母、陶瓷、涤纶、聚苯乙烯、电解电容等。

常用电容器的外形和图形符号见表 3—3。

表 3—3　　　　　　　　　　常用电容器的外形和图形符号

名称	外形	图形符号
电力电容器		
电解电容器		

续表

名称	外形	图形符号
金属膜电容器		
涤纶电容器		
瓷片电容器		
云母电容器		
单联可变电容器		
双联同调可变电容器		
微调电容器		

2. 电容

电容是指电容器储存电荷的能力，它在数值上等于电容器在单位电压作用下所储存的电荷量，如图3—7所示，即

$$C = \frac{Q}{U} \tag{3—8}$$

电容的单位是法拉（F），常用的较小单位有微法（μF）和皮法（pF）。

3. 平行板电容器

平行板电容器是最常见的电容器，其结构如图3—8所示。如果把图3—6所示纸介电容器展开，其实它也是平行板电容器，其之所以要卷绕成圆柱形是为了尽可能增大两块极板的面积。

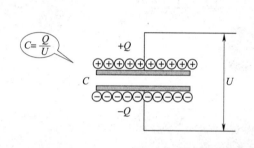

● 图3—7　电容定义示意图

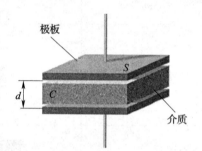

● 图3—8　平行板电容器的结构

电容是电容器的固有属性，它只与电容器的极板正对面积（两极板相对重叠部分的极板面积）、极板间距离以及极板间电介质的特性有关，而与外加电压的大小、电容器带电多少等外部条件无关。

设平行板电容器极板正对面积为S，两极板间的距离为d，则平行板电容器的电容可按下式计算：

$$C = \frac{\varepsilon S}{d} \tag{3—9}$$

式中，S、d、C的单位分别是m^2、m、F；ε称为极板间电介质的**介电常数**，单位是F/m。

真空中的介电常数$\varepsilon_0 \approx 8.86 \times 10^{-12}\ F/m$，某种介质的介电常数$\varepsilon$与$\varepsilon_0$之比，称为该介质的**相对介电常数**，用$\varepsilon_r$表示。气体的相对介电常数约为1。石蜡、油、云母等，介电常数ε_r较大，作为电容器的电介质可显著增大电容，而且能做成很小的极板间隔，因而应用很广，通常都是把纸浸入石蜡或油中使用。实际上，任何两个导体之间都存在着电容。例如，输电线之间，输电线与大地之间都存在电容；电子元器件的引脚之间，导线与仪器的金属外壳之间也存在电容。但由于它们两个"极板"之间距离较大，而且空气的介电常数又很小，所以这类电容就很小，一般

可以忽略不计。

4. 电容器的主要性能参数

（1）标称容量

电容器的标称容量是指电容器外壳表面标出的电容值。

（2）允许偏差

电容器的允许偏差与电阻器类似，常见的有 ±5%、±10%、±20% 这几种，分别用 J、K 和 M 表示。

（3）额定电压

电容器的额定电压（也称**耐压**）是指在规定温度范围内，可以连续加在电容器上而不损坏电容器的最大直流电压或交流电压的有效值。它是电容器的一个重要参数，常用的固定电容器的耐压有 10 V、16 V、25 V、35 V、50 V、63 V、100 V、250 V、500 V 等。

5. 电容器的充电和放电

（1）电容器的充电

电容器的充电过程如图 3—9 所示。当开关 S 置于 A 端时，电源 E 通过电阻 R 对电容器 C 开始充电。起初，充电电流 i_C 较大，达 $i = \dfrac{E}{R}$，但随着电容器 C 两端电荷的不断积累，形成的电压 u_C 越来越高，它阻碍了电源对电容器的充电，使充电电流越来越小，直至为零，这时电容器两端的电压达到了最大值 E。

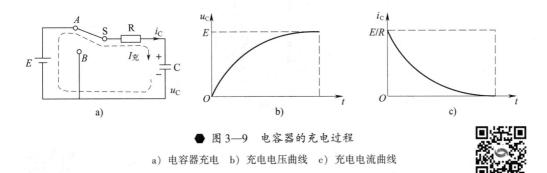

● 图 3—9 电容器的充电过程

a）电容器充电 b）充电电压曲线 c）充电电流曲线

（2）电容器的放电

电容器的放电过程如图 3—10 所示。当电容器两端充足电后，若将开关 S 置于 B 端，电容器将通过电阻 R 开始放电。起初放电电流 i_C 很大，但随着电容器 C 两端电荷的不断减少，电压 u_C 越来越低，放电电流越来越小，直至为零，这时电容器两端的电压也为零。

在电路中使用的电容器切断电源后，电容器中仍有剩余电荷。因此，在检测电容器之前，必须先将其"放电"，以免损坏测试设备，或对操作者造成电击。

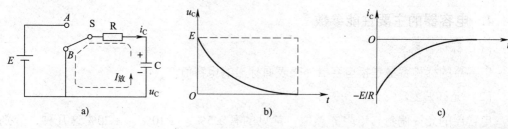

◆ 图3—10　电容器的放电过程

a) 电容器放电　b) 放电电压曲线　c) 放电电流曲线

6. 电容器的简易检测

利用电容器充、放电特性可以大致判断大容量电容器的质量好坏。

检测较大容量有极性电容器时，将万用表置 R×1 k 电阻挡，将黑表笔接电容器正极，红表笔接电容器负极，如图3—11 所示；若是检测无极性电容器，则两支表笔可以不分。具体的判断方法见表3—4。

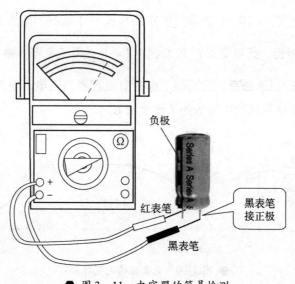

◆ 图3—11　电容器的简易检测

表3—4　　　　　　　　　　　　　　　测量结果说明

表针偏转情况	说明
∞　　0 R×1 k电阻挡	表针先向右偏转，然后向左回摆到底（阻值无穷大处），说明电容器正常

续表

表针偏转情况	说明
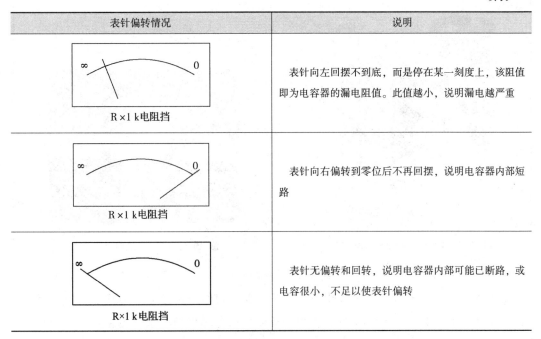 R×1 k电阻挡	表针向左回摆不到底，而是停在某一刻度上，该阻值即为电容器的漏电阻值。此值越小，说明漏电越严重
R×1 k电阻挡	表针向右偏转到零位后不再回摆，说明电容器内部短路
R×1 k电阻挡	表针无偏转和回转，说明电容器内部可能已断路，或电容很小，不足以使表针偏转

7. 容抗——电容对交流电的阻碍作用

当电容器外接交流电时，电源与电容器不断地直接充电和放电，电容器对交流电会起阻碍作用，通常把电容对交流电的阻碍作用称为**容抗**，用 X_C 表示，容抗的单位也是欧姆（Ω）。

容抗的计算式为

$$X_C = \frac{1}{\omega C} = \frac{1}{2\pi f C} \tag{3—10}$$

电容器的容抗与频率的关系可以简单概括为：**隔直流，通交流，阻低频，通高频**。因此，电容器也被称为**高通元件**。

链接

电容器在汽车电路中的应用

1. 超级电容器

超级电容器是一种新型高能量密度的储能元件，其结构近似于平板电容器，如图3—12 所示。它采用多孔活性炭材料作为电极，大大增加了极板正对面积，同时极板间距离又非常小，因此，与同样体积的普通电容器相比，可具有更大的电容。目前，单体超级电容器的电容已能达到数千法拉甚至上万法拉。超级电容器可以并联使用以增加电容，也可以采取均压措施后串联使用。比普通电池性能更为优越的是，它还可以焊接在电路中。如图3—13 所示为车用超级电容器。

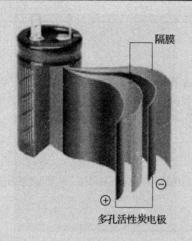

● 图 3—12 超级电容器结构

● 图 3—13 车用超级电容器

与可充电电池相比，超级电容器可以进行不限流充电，瞬间放电电流可达数百甚至数千安培，并可实现充放电数十万次而不需要任何维护和保养。而且它所用的材料是安全无毒的，用在公交车上符合低碳、节能、绿色环保的要求。图 3—14 所示为超级电容公交车。

● 图 3—14 超级电容公交车

2. 电容器用于位移测量和液位测量

当平行板电容器的极板正对面积或电介质的介电常数发生变化时，电容器的电容也会发生变化。利用电容器的这些特性可以测量位移和液位等。

如图 3—15a 所示，当动片有一转角时，其与定片间的相互覆盖面积就会有变化，导致电容发生变化。电容的变化与位移的变化相对应。

如图 3—15b 所示是一个电容式液位检测计，电容与电容器两极板浸入油液的深度有关，即与液位高低有关，利用电容的变化可将液位高低的变化转换成电压的变化。汽车用电容式液位传感器如图 3—15c 所示。

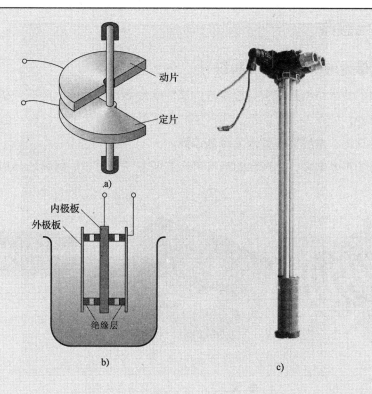

● 图3—15 电容器用于位移和液位测量

a) 位移测量 b) 液位检测计 c) 液位传感器

3. 电容器在汽车点火控制电路中的应用

图3—16所示为传统有触点点火系统中分电器上的电容器。在点火过程中，当触点断开时，点火线圈的一次绕组中将会产生200~300 V的自感电动势，它会在触点间形成火花而将触点烧坏。若将一容量适当的电容器并联在分电器触点两端，就能有效地消除触点间的火花，避免触点烧坏，如图3—17所示。

● 图3—16 传统点火系统中的电容器

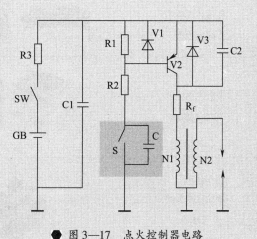

● 图3—17 点火控制器电路

二、电感器

1. 电感器的结构、类型和符号

电感器的基本结构是用铜导线绕成的圆筒状线圈。线圈的内腔有空的，也有是铁芯或铁氧体芯的，如图 3—18 所示。加入铁芯或铁氧体芯的目的是把磁感线更紧密地约束在电感器的周围，最终更有效地发挥其功能。

电感器的种类繁多，外形和图形符号也有所不同。常用电感器的外形和图形符号见表 3—5。

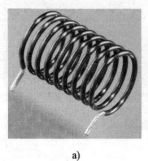

a)   b)   c)

◆ 图 3—18　电感器的基本结构

a）空心电感器　b）铁芯电感器　c）铁氧体芯电感器

表 3—5　　　　　　　　　　　常用电感器的外形和图形符号

名称	外形	图形符号
空心电感器		⌒⌒⌒
有磁芯或铁芯的电感器		⌒⌒⌒
带磁芯连续可变的电感器		⌒⌒⌒
带固定抽头的电感器		⌒⌒⌒⌒

2. 电感器的主要参数

（1）电感

电感是反映电感器抗拒电流变化能力的一个物理量。它在数值上等于当电流以每秒 1 安培的变化速率通过电感器时，电感器上产生的感应电动势的伏特数。

电感用符号 L 表示，单位是亨利，用字母 H 表示。实际常取毫亨（mH）和微亨（μH）作为电感的单位，换算关系为

$$1\ H = 10^3\ mH = 10^6\ \mu H$$

（2）品质因数

品质因数也称 **Q值**，是衡量电感器储存能量损耗率的一个物理量。它在数值上等于电感器在某一频率的交流电压下工作时，所呈现的感抗与其等效损耗电阻之比。Q 值越高，电感器储存的能量损耗率越低，效率越高。

品质因数（Q 值）的高低与电感器的直流电阻、线圈骨架和内芯材料以及工作频率等有关，具体关系为

$$Q = \frac{\omega L}{R} = \frac{2\pi f L}{R} \tag{3—11}$$

式中　ω——交流电角频率；

　　　L——电感，H，与线圈圈数、绕制方式、线圈骨架和内芯材料等有关；

　　　R——电感器的直流电阻，Ω。

（3）分布电容

电感器的相邻线圈之间相当于电容器的两个极板，因此在某种意义上具有电容器的结构，能产生分布电容。分布电容对电感器是有害的，一般情况下分布电容容量比较低（皮法级），但在工作频率较高时分布电容的影响不可忽视。

3. 互感器

互感器是一种特殊的电感器，与普通电感器不同之处是互感器有两个或两个以上绕组，它利用互感原理使交流电从一个绕组传向另一个（或几个）绕组，以实现电能或信号的"隔空"传递。

各种变压器、电压互感器、电流互感器、钳形电流表等都是利用互感原理制成的，如图 3—19 所示。

4. 感抗——电感对交流电的阻碍作用

将电感线圈接入交流电路中，由于交流电的大小和方向随时都在变化，在电感线圈中会不停地产生自感电动势，自感电动势时刻起着阻碍电流变化的作用，人们把电感对交流电的阻碍作用称为**感抗**，用 X_L 表示。感抗的单位也是欧姆（Ω）。线圈自感系数越大，感抗越大；交流电频率越高，线圈感抗也越大。

图 3—19　互感原理的应用示例

a）多绕组变压器　b）钳形电流表

c）电流互感器　d）电压互感器　e）收音机中的中频变压器

感抗的计算式为

$$X_{L} = 2\pi f L = \omega L \qquad (3—12)$$

电感的感抗与频率的关系可以简单概括为：**通直流，阻交流，通低频，阻高频**。因此，电感也称为**低通元件**。

§3—3　单一参数交流电路

学习目标

1. 了解纯电阻交流电路、纯电感交流电路、纯电容交流电路中电压与电流之间的相位关系和数量关系。

2. 理解交流电路中瞬时功率、有功功率和无功功率的概念。

3. 理解电感和电容的储能特性。

实际应用在交流电路中的元器件，由于结构和工作频率不同，其作用并不是单一的。例如，绕线电阻也存在电感；电感线圈也存在电阻；当信号频率很高时，电感线圈各线匝之间的电容效应也不可忽略。本节所讨论的单一参数交流电路，只是一种理想状态。

一、纯电阻交流电路

交流电路中如果只考虑电阻的作用，则这种电路称为纯电阻电路。例如，白炽灯、卤钨灯、工业电阻炉等电路都可近似地看成是纯电阻电路。在这些电路中，当外电压一定时，影响电流大小的主要因素是电阻。其简化电路如图 3—20a 所示。

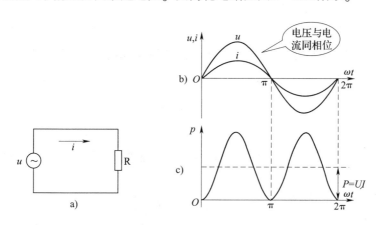

◆ 图 3—20　纯电阻电路

a）电路图　b）波形图　c）功率曲线图

1. 电流与电压的关系

实验表明，在正弦交流电压作用下，电阻中通过的电流是一个**同频率**的正弦交流电流，且与加在电阻两端的电压**同相位**，如图 3—20b 所示。

在纯电阻电路中，电流与电压的瞬时值、最大值、有效值都符合欧姆定律。数学表达式为

$$i = \frac{u}{R} = \frac{U_\mathrm{m}\sin\omega t}{R} \qquad I_\mathrm{m} = \frac{U_\mathrm{m}}{R} \qquad I = \frac{U}{R} \qquad (3—13)$$

2. 平均功率

瞬时功率的曲线如图 3—20c 所示。由于电流和电压同相，所以 p 在任一瞬间的数值都大于或等于零，这就说明电阻总是要消耗功率，因此，电阻是一种**耗能元件**。

由于瞬时功率时刻都在变动，不便计算，通常用电阻在交流电一个周期内消耗的功率的平均值来表示功率的大小，称为**平均功率**。平均功率又称**有功功率**，用 P

表示，单位仍是瓦（W）。电压、电流用有效值表示时，平均功率 P 的计算与直流电路相同，即

$$P = UI = I^2R = \frac{U^2}{R} \tag{3—14}$$

二、纯电感交流电路

由电阻很小的电感线圈组成的交流电路，可以近似地看作纯电感电路，如图 3—21a 所示。

1. 电流与电压的关系

（1）在纯电感电路中，电感两端的电压比电流超前 90°，即电流比电压滞后 90°。图 3—21b 和图 3—21c 分别给出了电压和电流的波形图及功率曲线图。

（2）电流与电压的有效值之间符合欧姆定律，即

$$I = \frac{U}{X_L} \tag{3—15}$$

感抗只是电压与电流最大值或有效值的比值，而不是电压与电流瞬时值的比值，即 $X_L \neq \dfrac{u}{i}$，这是因为 u 和 i 的相位不同。

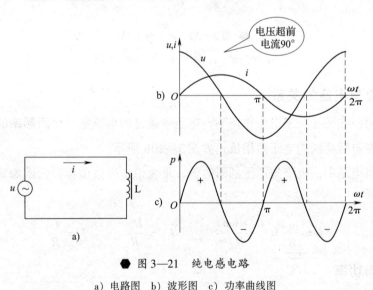

◆ 图 3—21　纯电感电路

a）电路图　b）波形图　c）功率曲线图

2. 无功功率

由图 3—21c 所示功率曲线图可见，瞬时功率在一个周期内，有时为正值，有时为负值。瞬时功率为正值，说明电感从电源吸收能量转换为磁场能储存起来；瞬时功率为负值，说明电感又将磁场能转换为电能返还给电源。

电感在一个周期内吸收的能量与释放的能量相等，也就是说纯电感电路不消耗能量，电感是一种**储能元件**。

不同的电感与电源转换能量的多少也不同，通常用瞬时功率的最大值来反映电感与电源之间转换能量的规模，称为**无功功率**，用 Q_L 表示，单位是乏（var）。其表达式为

$$Q_L = UI = I^2 X_L = \frac{U^2}{X_L} \tag{3—16}$$

无功功率并不是"无用功率"，"无功"的实质是指能量的互逆转换，而元件本身并没有消耗电能。实际上，许多具有电感性质的电动机、变压器等设备都是利用电磁转换原理实现"无功功率"工作的。

电感元件有阻碍电流变化的作用，而自身又不消耗能量，所以在电工和电子技术中有广泛应用。如荧光灯的镇流器、直流电源中的滤波器、电焊机调节电流的电抗器等。由于绕制线圈的导线总会有电阻，所以很难制成纯电感元件，只有在电阻很小时，可忽略不计，视为纯电感电路。

三、纯电容交流电路

1. 电流与电压的关系

把电容器接到交流电源上，如果电容器的电阻和分布电感可以忽略不计，就可以把这种电路近似地看成是纯电容电路，如图3—22a所示。

（1）在纯电容电路中，电压比电流滞后90°，即电流比电压超前90°。图3—22b和图3—22c分别给出了电压和电流的波形图及功率曲线图。

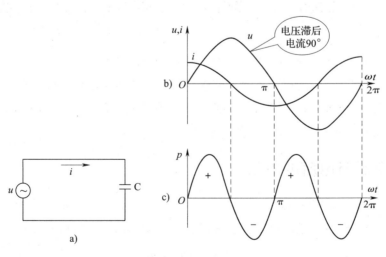

● 图3—22 纯电容电路

a）电路图 b）波形图 c）功率曲线图

（2）电流与电压的有效值之间符合欧姆定律，即

$$I = \frac{U}{X_C} \qquad\qquad (3\text{—}17)$$

2. 无功功率

由图 3—22c 所示功率曲线图可知，瞬时功率有正也有负。瞬时功率为正值，说明电容从电源吸收能量转换为电场能储存起来；瞬时功率为负值，说明电容又将电场能转换为电能返还给电源。也就是说，纯电容电路不消耗能量，电容也是一种储能元件。

纯电容电路的无功功率为

$$Q_C = UI = I^2 X_C = \frac{U^2}{X_C} \qquad\qquad (3\text{—}18)$$

§3—4　RLC 串联电路

学习目标

1. 理解交流电路中电抗、阻抗和阻抗角的概念。
2. 了解 RLC 串联电路中电压与电流之间的相位关系和数量关系。
3. 了解电压三角形、阻抗三角形和功率三角形的应用。
4. 理解视在功率和功率因数的概念，了解提高功率因数的意义和方法。

在实际电路中，单一参数元件几乎是不存在的，大部分交流电路都可以看作是由两种或两种以上元件组成。例如，荧光灯电路就可以看作是电阻元件和电感元件的组合。

本节主要讨论 RLC 串联电路，即电阻、电感和电容串联的电路。RL 串联电路和 RC 串联电路可以看作是 RLC 串联电路的特例。

一、电压与电流的关系

RLC 串联电路如图 3—23 所示。

RLC 串联电路的总电压瞬时值等于多个元件上电压瞬时值之和，即

$$u = u_R + u_L + u_C$$

由于 u_R、u_L 和 u_C 的相位不同，所以总电压的有效值不等于各个元件上电压有效值之和。

理论分析表明，总电压的有效值应按下式计算：

$$U = \sqrt{U_R^2 + (U_L - U_C)^2} \tag{3—19}$$

将 $U_R = IR$、$U_L = IX_L$、$U_C = IX_C$ 代入上式，可得

$$U = I\sqrt{R^2 + (X_L - X_C)^2} = I\sqrt{R^2 + X^2} = IZ$$

式中，$X = X_L - X_C$，称为**电抗**，单位是 Ω；$Z = \sqrt{R^2 + X^2}$，称为**阻抗**，单位是 Ω。图 3—24 中，φ 称为**阻抗角**，它就是总电压与电流的相位差，即

$$\varphi = \arctan\frac{U_L - U_C}{U_R} = \arctan\frac{X_L - X_C}{R} \tag{3—20}$$

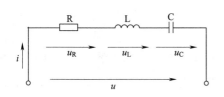

● 图 3—23　RLC 串联电路

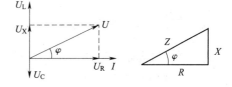

● 图 3—24　RLC 串联电路电压和阻抗示意图

为了便于记忆，用图 3—25 所示的三个三角形分别表示总电压 U 与分电压 U_R、U_X 的关系，阻抗 Z 与电阻 R、电抗 X 的关系，视在功率 S 与有功功率 P、无功功率 Q 的关系。

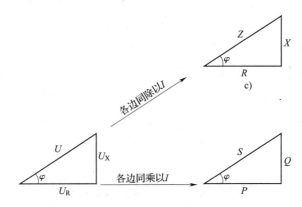

● 图 3—25　电压三角形、阻抗三角形和功率三角形

在 RLC 串联电路中，由于 R、L、C 参数以及电源频率 f 的不同，电路可能出现以下三种情况。

（1）电感性电路

当 $X_L > X_C$ 时，$U_L > U_C$，阻抗角 $\varphi > 0$，电路呈电感性，电压超前电流 φ 角。

（2）电容性电路

当 $X_L < X_C$ 时，$U_L < U_C$，阻抗角 $\varphi < 0$，电路呈电容性，电压滞后电流 φ 角。

（3）电阻性电路

当 $X_L = X_C$ 时，$U_L = U_C$，阻抗角 $\varphi = 0$，电路呈电阻性，且总阻抗最小，电压和电流

同相，电感和电容的无功功率恰好相互补偿。电路的这种状态称为**串联谐振**。

二、功率和功率因数

将图3—25中电压三角形的各边乘以电流，便可得到**功率三角形**。

RLC串联电路的总电压与总电流有效值的乘积定义为**视在功率**，用 S 表示，单位为伏安（V·A）。视在功率并不代表电路中消耗的功率，它常用于表示电源设备的容量。负载消耗的功率要视实际运行中负载的性质和大小而定。视在功率 S 与有功功率 P 和无功功率 Q 的关系为

$$S = \sqrt{P^2 + Q^2} \qquad P = S\cos\varphi \qquad Q = S\sin\varphi \qquad (3—21)$$

式中，$\cos\varphi = \dfrac{P}{S}$，称为**功率因数**。

功率因数是高压供电线路的运行指标之一，它反映了电源设备的容量利用率。功率因数越大，负载消耗的有功功率越多，同时与电源交换的无功功率越小。如电灯、电炉的功率因数近似为1，说明它们基本只消耗有功功率；异步电动机的功率因数为0.7~0.9，说明它们工作时需要一定数量的无功功率。功率因数越低，该电源设备所发出的有功功率越小，电源设备利用率越低。当负载的有功功率和电源电压一定时，功率因数越低，则线路上的功率损耗越大。

为了减少电能损耗，改善供电质量，就必须提高功率因数。异步电动机和变压器是占用无功功率最多的电气设备，当电动机实际负荷比其额定容量低许多时，功率因数将急剧下降，造成电能的浪费。要提高功率因数，就要合理选用电动机，并尽量避免电动机空转或长时间处于轻载运行状态。此外，在感性负载两端并接补偿电容器也是常用的提高功率因数的方法。

§3—5 三相交流电

学习目标

1. 了解三相交流电的产生和特点，掌握三相四线制电源的线电压与相电压的关系，理解中线的作用。

2. 了解三相对称负载星形联结和三角形联结的特点和应用。

3. 了解汽车三相交流发电机的结构。

三相交流电就是三个单相交流电按一定方式进行的组合，这三个单相交流电的频率相同、最大值相等、相位彼此相差 120°。

目前，电能的产生、输送和分配几乎都采用三相交流电，汽车电路中所配置的发电机也都是三相交流发电机。

一、三相交流电的产生

图 3—26 所示为三相交流发电机的示意图。与单相交流发电机相似，三相交流发电机也是由定子和转子组成。转子是电磁铁，其磁极表面的磁场按正弦规律分布。定子铁芯中嵌放三个在尺寸、匝数和绕法上完全相同的线圈绕组，三相绕组始端分别用 U1、V1、W1 表示，末端用 U2、V2、W2 表示，分别称为 **U 相**、**V 相**、**W 相**，三个绕组在空间位置上彼此相隔 120°。

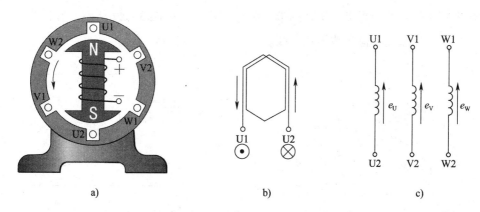

图 3—26　三相交流发电机示意图

a）定子、转子横截面图　b）定子绕组空间结构图　c）三相绕组及其电动势

当转子在原动机带动下以角速度 ω 做逆时针匀速转动时，三相定子绕组依次切割磁感线，产生三个对称的正弦交流电动势。电动势的参考方向选定为从线圈的末端指向始端，即电流从始端流出时为正，反之为负。

如图 3—26a 所示，当转子的 N 极转到 U1 处时，U 相的电动势达到正的最大值。经过 120° 后，转子的 N 极转到 V1 处，V 相的电动势达到正的最大值。同理，再由此经过 120° 后，W 相的电动势达到正的最大值，如此周而复始。这三相电动势的相位互差 120°。

若以 U 相为参考正弦量，可得三相正弦交流电动势 e_U、e_V、e_W 的解析式如下：

$$\begin{cases} e_U = E_m \sin(\omega t + 0°)\,V \\ e_V = E_m \sin(\omega t - 120°)\,V \\ e_W = E_m \sin(\omega t + 120°)\,V \end{cases} \tag{3—22}$$

e_U、e_V、e_W 的波形图如图 3—27 所示。

三相对称交流电动势到达最大值的先后次序称为**相序**。如按 U→V→W→U 的次序循环称为**正序**；按 U→W→V→U 的次序循环则称为**负序**。

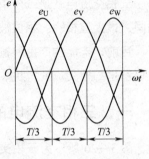

● 图 3—27　三相对称电动势的波形图

二、三相交流电的供电方式

1. 三相四线制供电

（1）中性点、中性线和零点、零线

三相交流发电机绕组的三个末端 U2、V2、W2 连在一起，成为一个公共点，称为**中性点**，用 N 表示。从中性点引出的输电线称为**中性线**，简称中线，如图 3—28 所示。

接地的中性点称为**零点**，接地的中性线称为**零线**，如图 3—29 所示。在工程上，零线或中性线一般采用**淡蓝色或黑色**导线。

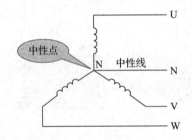

● 图 3—28　中性点和中性线

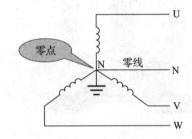

● 图 3—29　零点和零线

（2）相线、相电压和线电压

由三相绕组的始端 U1、V1、W1 引出的三根输电线称为**相线**或**端线**，俗称**火线**，常用 L1、L2、L3 表示，如图 3—30 所示。工程上，分别用**黄、绿、红**三种导线颜色区分。

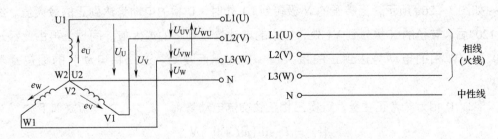

● 图 3—30　相线、相电压和线电压

相线与中性线之间的电压称为**相电压**，相线与相线之间的电压称为**线电压**，线电压的大小等于相电压的 $\sqrt{3}$ 倍。

目前，我国低压供电系统中的线电压为 380 V，相电压为220 V，常写作"电源电压380/220 V"。

2. 三相五线制供电

三相五线制供电是在三相四线制供电的基础上，另增加一根**专用保护线**（也称**保护零线**）与接地网相连，能更好地起到保护作用。保护零线一般用黄绿相间色作为标志。按照规定，单相三孔插座的接线必须遵循**左零（N）右相（L）上接地（PE）**的原则，如图3—31所示。

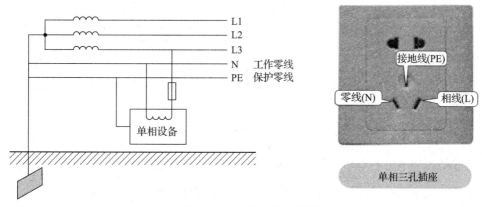

❖ 图3—31　三相五线制供电

3. 三相三线制供电

三相三线制供电就是三相电源星形联结时，中性线不引出，有三根相线对外供电，如图3—32所示。三相三线制供电只能向三相用电器供电，提供线电压，不能向单相用电器供电，主要用于高压供电线路和低压动力线路。

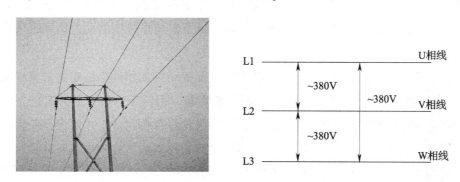

❖ 图3—32　三相三线制供电

三、三相负载的连接方式

接在三相电源上的负载统称为三相负载。通常，各相负载相同的三相负载称为**对称三相负载**，如三相电动机、大功率三相电路等。如果各相负载不同，就称为**不对称三相**

负载，如三相照明电路中的负载。

使用任何电气设备，均要求负载承受的电压等于它的额定电压，所以负载要采用一定的连接方式，以满足负载对电压的要求。

1. 三相负载的星形联结

把三相负载分别接在三相电源的一根相线和中性线之间的接法称为三相负载的星形联结（常用"Y"标记），如图3—33所示。

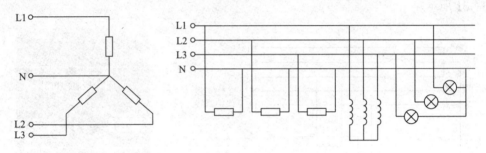

● 图3—33　三相负载的星形联结

负载两端的电压称为负载的相电压。在忽略输电线上的电压降时，负载的相电压就等于电源的相电压，电源的线电压为负载相电压的$\sqrt{3}$倍，即$U_{线Y} = \sqrt{3}U_{相Y}$。

流过每相负载的电流称为**相电流**，流过每根相线的电流称为**线电流**。由图3—33可见，**线电流和相电流大小相等**，即

$$I_{线Y} = I_{相Y} = \frac{U_{相Y}}{Z} \tag{3—23}$$

三相对称负载星形联结时，中性线电流为零，因此取消中性线也不会影响三相负载的正常工作，三相四线制实际变成了三相三线制。通常在高压输电时，由于三相负载都是对称的三相变压器，所以都采用三相三线制。低压供电系统中的动力负载也采用这种供电方式。

但是在低压供电系统中，由于三相负载经常要变动（如照明电路中的灯具经常要开和关），是不对称负载，各相电流的大小不一定相等，相位差也不一定为120°，中性线电流也不为零，中性线不能取消。这时，只有当中性线存在时，它才能保证三相电路成为三个互不影响的独立回路，不会因负载的变动而相互影响。当中性线断开后，各相电压就不再相等了。经计算和实际测量都证明，阻抗较小的相电压低，阻抗大的相电压高，这可能烧坏接在相电压升高线路中的用电器。所以，**在三相负载不对称的低压供电系统中，不允许在中性线上安装熔断器或开关**，而且中性线常用钢丝制成，以免中性线断开而引起事故。当然，要力求三相负载平衡以减小中性线电流。如在三相照明电路中，安装时应尽量使各相负载接近对称，此时中性线电流一般小于各线电流。中性线导线可以选用比三根相线截面积小一些的导线。

2. 三相负载的三角形联结

把三相负载分别接在三相电源每两根相线之间的接法称为三角形联结（常用"△"标记），如图3—34所示。在三角形联结中，由于各相负载是接在两根相线之间，因此**负载的相电压和电源的线电压大小相等**，即 $U_{相\triangle} = U_{线\triangle}$。

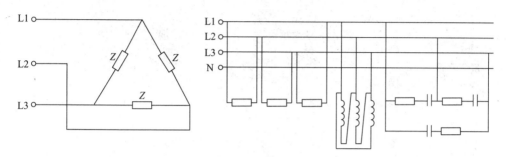

● 图3—34　三相负载的三角形联结

三个相电流和三个线电流都是数值相等且相位互差120°的三相对称电流。线电流和相电流的关系为

$$I_{线\triangle} = \sqrt{3}I_{相\triangle} \qquad\qquad (3—24)$$

线电流总是滞后于相应的相电流30°。

三相对称负载做三角形联结时的相电压是做星形联结时的相电压的 $\sqrt{3}$ 倍。因此，三相负载接到电源中，是做三角形联结还是星形联结，要根据负载的额定电压而定。

链接

汽车三相交流发电机

图3—35所示为一典型的汽车三相交流发电机的实物图和结构示意图。它主要由转子、定子、电刷、前后端盖、风扇、带轮等组成。

a)

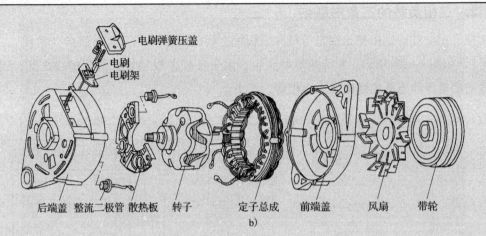

后端盖　整流二极管　散热板　转子　　　定子总成　前端盖　　风扇　　带轮

b)

● 图3—35　汽车三相交流发电机实物图和结构示意图

a) 实物图　b) 结构示意图

1. 转子

转子的作用是产生旋转磁场。如图3—36所示，转子由转子轴、爪性磁极（爪极）、励磁绕组、集电环等组成。励磁绕组的两根引出线分别与集电环焊接在一起。集电环与转子轴绝缘，并与装在后端盖内的两个电刷相接触。两个电刷通过引线分别接在两个螺钉接线柱上，这两个接线柱即为发电机的正极（电枢）和负极（搭铁）。当这两个接线柱与直流电源相接时，就有电流流过励磁绕组，从而产生磁场。

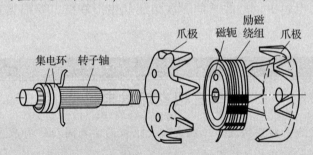

● 图3—36　转子结构图

2. 定子

定子的作用是产生三相交流电动势。如图3—37所示，定子由定子铁芯、定子绕组等组成。绕组一般采用星形联结，即每相绕组的首端分别与整流器的整流二极管相接，每相绕组的尾端连接在一起。

当转子在定子的空腔中旋转时，引起定子绕组中磁通的变化，定子绕组中便产生交变的感应电动势。

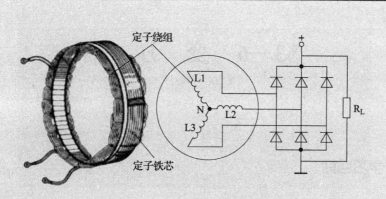

● 图 3—37　定子结构及绕组连接图

　　整流器的作用是将定子绕组的三相交流电变为直流电，如图 3—38 所示。

● 图 3—38　整流器

　　3. 前后端盖

　　前端盖用于支承转子和固定定子，用非导磁材料铝合金制成。后端盖内装有电刷架和电刷等，外部装有接线柱。前后端盖皆有通风口，当发电机工作时，可起到散热作用。

　　4. 电刷及电刷架

　　电刷的作用是将外电源引入转子绕组。

　　两只电刷装在电刷架的孔内，并利用弹簧的压力使其与集电环保持良好的接触。电刷及电刷架有外装式和内装式两种，如图 3—39 所示。

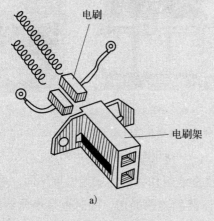
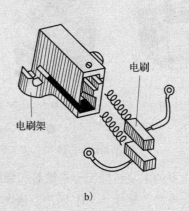

a)　　　　　　　　　　　b)

● 图 3—39　电刷及电刷架
a) 外装式　b) 内装式

§3—6 变 压 器

学习目标

1. 了解变压器的基本结构。
2. 掌握变压器的电压、电流和阻抗变换的关系。
3. 了解几种常用变压器的特点及其应用。

变压器是一种特殊的电感器。变压器种类繁多，在电力输送和电子线路中有着广泛的应用。

一、变压器的外形、结构和电路符号

常见变压器的外形如图 3—40 所示。

a)　　　　　　　　b)　　　　　　　　c)　　　　　　　　d)

● 图 3—40　几种常见的变压器

a）降压变压器　b）调压变压器　c）三相变压器　d）开关变压器

变压器的主要组成部分是**铁芯**和**绕组**，根据绕组和铁芯的安装位置不同，可分为芯式和壳式两种，如图 3—41 所示。铁芯是变压器的磁路通道，同时也是变压器的骨架，通常由磁导率较高又相互绝缘的薄硅钢片叠合而成。

绕组是变压器的电路部分，由绝缘良好的漆包线或纱包线绕制而成。为了便于绝缘，通常将低压绕组安装在靠近铁芯的内层，高压绕组安装在外层。工作时和电源相连的绕组称为**一次绕组**，与负载相连的绕组称为**二次绕组**。

变压器的文字符号为 T，图形符号见表 3—6。

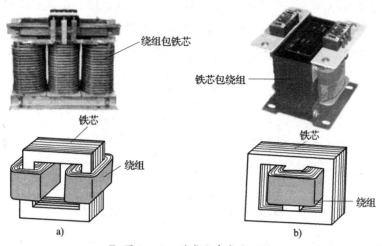

● 图 3—41　芯式和壳式变压器

a）芯式　b）壳式

表 3—6　　　　　　　　　　　　　变压器的图形符号

名称或含义	图形符号	名称或含义	图形符号
双绕组变压器，一般符号（形式 1）		双绕组变压器，一般符号（形式 2）	
三相变压器（星形—星形—三角形连接），一般符号（形式 1）		三相变压器（星形—星形—三角形连接），一般符号（形式 2）	
单相自耦变压器，一般符号（形式 1）		单相自耦变压器，一般符号（形式 2）	

二、变压器的工作原理

图 3—42 所示为一最简单的变压器示意图，该变压器有一个**一次绕组**和一个**二次绕**

组。一次绕组匝数为 N_1，二次绕组匝数为 N_2。当一次绕组加上正弦交流电压 u_1 后，产生电流 i_1，由于自感的作用，在其两端产生自感电动势 e_1；由于互感的作用，在二次绕组两端产生互感电动势 e_2。e_2 使负载 R_L 两端得到交流电压 u_2，并有电流 i_2 流过。

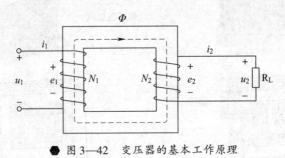

图 3—42　变压器的基本工作原理

1．变换交流电压

设穿过一次绕组的磁通 Φ 全部穿过二次绕组。那么，根据电磁感应原理，可得

$$e_1 = N_1 \frac{\Delta \Phi}{\Delta t} \qquad e_2 = N_2 \frac{\Delta \Phi}{\Delta t}$$

可见

$$\frac{e_1}{e_2} = \frac{N_1}{N_2} = n$$

根据正弦交流电有效值、最大值之间的关系，可得

$$\frac{E_1}{E_2} = \frac{e_1}{e_2} = \frac{N_1}{N_2} = n \tag{3—25}$$

式中，E_1、E_2 分别表示一次、二次绕组两端电动势的有效值；n 为一次、二次绕组匝数之比，也称**变比**。

因一次、二次绕组的电阻都很小，可以认为 $r_1 = r_2 \approx 0$。

故有 $u_1 = e_1 - i_1 \cdot r_1 \approx e_1$，$u_2 = e_2 - i_2 \cdot r_2 \approx e_2$。

可见

$$\frac{u_1}{u_2} \approx \frac{e_1}{e_2} = \frac{N_1}{N_2} = n$$

同样根据正弦交流电有效值、最大值之间的关系，可得

$$\frac{U_1}{U_2} = \frac{u_1}{u_2} \approx \frac{N_1}{N_2} = n \tag{3—26}$$

式中，U_1、U_2 分别表示一次、二次绕组两端电压的有效值。

2．变换交流电流

如果分别用 P_1、P_2 表示一次、二次绕组的电功率，则有

$$P_1 = i_1 \cdot u_1 \qquad P_2 = i_2 \cdot u_2$$

如果忽略变压器的损耗，则有 $P_1 = P_2$，即 $i_1 \cdot u_1 = i_2 \cdot u_2$。

故

$$\frac{i_1}{i_2} = \frac{u_2}{u_1} \approx \frac{N_2}{N_1} = \frac{1}{n}$$

同样根据正弦交流电有效值、最大值之间的关系，可得

$$\frac{I_1}{I_2} = \frac{i_1}{i_2} \approx \frac{N_2}{N_1} = \frac{1}{n} \qquad (3\text{—}27)$$

3. 变换交流阻抗

变压器除了具有电压变换和电流变换的作用，还有阻抗变换的功能。设在变压器二次绕组上接入阻抗 Z_2，则有 $Z_2 = \frac{U_2}{I_2}$，而一次绕组的等效阻抗为 $Z_1 = \frac{U_1}{I_1}$，故有

$$\frac{Z_1}{Z_2} = \frac{\dfrac{U_1}{I_1}}{\dfrac{U_2}{I_2}} = \frac{U_1}{U_2} \cdot \frac{I_2}{I_1} = n^2$$

即

$$Z_1 = n^2 Z_2 \qquad (3\text{—}28)$$

可见变压器具有阻抗变换作用，如图 3—43 所示。

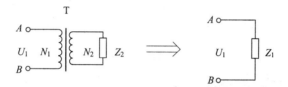

● 图 3—43　变压器的阻抗变换作用

三、特殊变压器

1. 自耦变压器

普通变压器的一次绕组和二次绕组是分开的，称为双绕组变压器。如果将整个绕组作为一次绕组，二次绕组只取绕组的一部分，如图 3—44 所示，则一次绕组和二次绕组之间不仅有磁的联系，还有电的联系，这种变压器称为自耦变压器。

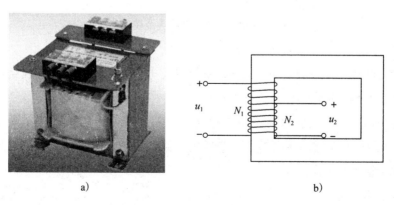

a)　　　　　　　　　　　　　b)

● 图 3—44　自耦变压器

a) 实物图　b) 结构原理图

自耦变压器的工作原理与普通变压器相同，它也具有变压、变流和变换阻抗的作用，即

$$\frac{U_1}{U_2} = \frac{N_1}{N_2} \qquad \frac{I_1}{I_2} = \frac{N_2}{N_1}$$

实验室常用的调压器（见图3—45）就是一种自耦变压器。它利用滑动触点来改变二次绕组的匝数，从而改变输出电压。

自耦变压器的一次绕组和二次绕组之间有电的直接联系，使用中应加以注意。例如，一次侧和二次侧不可接错，接地端不能误接电源火线端。

2. 仪用互感器

● 图3—45　调压器

仪用互感器是一种专供测量仪表、控制设备和保护设备使用的变压器。

（1）电压互感器

电压互感器实际上就是一个降压变压器，如图3—46所示。它主要用于扩大交流电压表的量程。

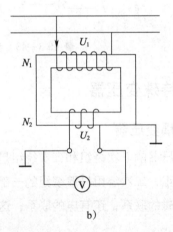

a)　　　　　　　　　　　　　b)

● 图3—46　电压互感器

a）实物图　b）结构原理图

电压互感器匝数较多的一次绕组接入被测高压电路，匝数较少的二次绕组与电压表相连。一般二次侧的额定电压设计为100 V。

在实际使用中，二次侧电路不允许短路，否则会产生比额定电流大得多的短路电流。此外，为了保证安全，必须将二次绕组的一端与铁芯同时接地，以免当绕组间绝缘损坏时二次绕组也带上高压电。

（2）电流互感器

电流互感器主要用来扩大交流电流表的量程，如图3—47所示。

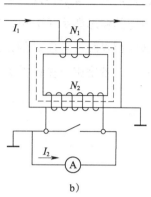

● 图 3—47　电流互感器

a）实物图　b）结构原理图

电流互感器一次绕组的匝数较少，导线较粗，与被测线路的负载相串联；而二次绕组匝数较多，导线较细，与测量仪表相连。一般设计额定电流为 5 A。

在使用电流互感器时，二次绕组不允许断开，否则会使铁芯严重过热，二次绕组会产生很高的感应电动势，从而可能导致绝缘损坏。此外，为了保证安全，电流互感器的铁芯和二次绕组的一端应接地。

实际工作中常用的钳形电流表也是一种电流互感器，其外形和结构如图 3—48 所示。钳形电流表的二次绕组与电流表相连，其铁芯像一把可以开合的铁钳。测量时，先张开钳口，把待测电流的一根导线放入钳中，然后闭合。这样，待测导线就成为电流互感器的一次绕组（只有一匝线圈），经过变换，从电流表上即可直接读出被测电流的有效值。

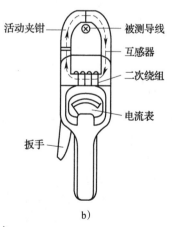

● 图 3—48　钳形电流表

a）实物图　b）结构原理图

（3） 脉冲变压器

脉冲变压器是用来变换脉冲电压的。脉冲电压不是连续变化的，而是断续变化的，因此输出脉冲电压的波形要尽可能小，这是其最基本的要求。在现代汽车电子控制系统中，信号电压通常都是脉冲电压。例如，在电容储能式点火系统中，要将 12 V 直流电压升高到 400 V 左右，就是由一多谐振荡器经脉冲变压器升压后再经整流而得到的。

第四章

—— 二极管与晶闸管

§4—1 二 极 管

学习目标

1. 了解半导体的导电特性，掌握二极管的单向导电性。
2. 理解普通二极管的伏安特性和主要参数。
3. 会用万用表大致判断二极管的极性和好坏。
4. 了解整流二极管、稳压二极管、发光二极管、光敏二极管、开关二极管和变容二极管的特点及应用。

半导体二极管简称二极管，是电子电路中最常用的元件，在汽车电路中也有广泛应用。二极管的核心就是 **PN 结**——这也是构成各种半导体器件的基础。

一、半导体的导电特性

半导体是指导电能力介于导体和绝缘体之间的一类物质。常见的半导体材料有硅、锗和硒等，但用于制造半导体器件的一般只有单晶结构的硅（Si）和锗（Ge）两种材料，由于硅具有较稳定的特性，因而被更广泛地应用。

在硅或锗等纯净半导体中掺入微量合适的杂质元素，可使半导体的导电能力大大增强。按掺入的杂质元素不同，可分为 **P 型半导体**和 **N 型半导体**，见表4—1。

在 P 型半导体中空穴是多数载流子，在 N 型半导体中自由电子是多数载流子。如果在一块半导体基片上，一边制成 P 型半导体，另一边制成 N 型半导体，由于载流子的浓度不同，在它们的交界面两侧就会形成一个具有特殊性质的空间电荷区（又称耗尽层），即 **PN 结**。

表 4—1　　　　　　　　　　　　P 型半导体和 N 型半导体

类型	掺杂方法	特点
P 型半导体	在纯净半导体中掺入 3 价元素（如硼）	（1）空穴是多数载流子 （2）自由电子是少数载流子 （3）空穴起主要导电作用
N 型半导体	在纯净半导体中掺入 5 价元素（如磷）	（1）自由电子是多数载流子 （2）空穴是少数载流子 （3）自由电子起主要导电作用

二、二极管的结构及符号

由一个 PN 结加上相应的电极引线和管壳即可组成一个二极管，如图 4—1 所示。

二极管的两个引出极，一个称为**正极**，另一个称为**负极**。二极管的文字符号为 **VD** 或 **V**。图形符号如图 4—2 所示，图中箭头指向为二极管正向电流的方向。

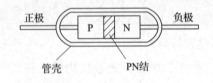

● 图 4—1　二极管的结构图　　　　　● 图 4—2　二极管的图形符号

三、二极管的单向导电性

在如图 4—3 所示的实验电路中，将开关置于位置 1，指示灯亮；将开关置于位置 2，指示灯不亮。

由此可知，当二极管外加正向电压（二极管正极电位高于负极电位）时二极管**导通**，反之则二极管**截止**，这一性质称为二极管的单向导电性。

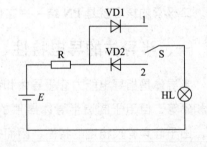

● 图 4—3　二极管单向导电性实验电路

四、二极管的伏安特性曲线

加在二极管两端的电压和流过二极管的电流之间的关系称为二极管的伏安特性，利用晶体管图示仪可以很方便地测出二极管的伏安特性曲线，如图 4—4 所示。

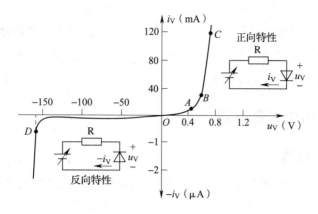

● 图4—4 二极管的伏安特性曲线

1．正向特性

（1） OA 段

这一段曲线平坦，外加电压很小，正向电流几乎为零，故称"**死区**"。与 A 点对应的电压为二极管开始导通的临界电压，称为**开启电压**（或称**门限电压**）。一般硅二极管的开启电压约为 0.5 V，锗二极管的开启电压约为 0.1 V。

（2） AB 段

随着外加正向电压增大，正向电流缓慢增大。

（3） BC 段

这一段曲线陡直上升，正向电压增加不多，正向电流急剧增大，电压与电流的关系近似为线性，称为"**正向导通区**"（也称**线性区**）。正向导通后二极管两端的正向电压称为正向管压降，这个电压比较稳定，几乎不随电流的大小而变化。**一般硅二极管的正向管压降约为 0.7 V，锗二极管的正向管压降约为 0.3 V**。这时二极管正、负极之间近似于一个闭合的开关。

2．反向特性

（1） OD 段

在此段，外加反向电压在较大范围内变化，反向电流很小且基本恒定。此时的反向电流称为二极管的**反向饱和电流**（或称**反向漏电流**）。一般小功率硅二极管的反向饱和电流约为几微安，锗二极管则可达几百微安。这一段称为"**反向截止区**"，这时二极管对外电路呈现电阻很大的状态，二极管正、负极之间相当于断开。

（2） D 点以后

当反向电压增大到 D 点所对应数值时，反向电流突然增大，这一现象称为**反向击穿**，所对应的电压称为**反向击穿电压**。如果没有适当的限流措施，二极管在反向击穿后很可能因电流过大而损坏，因此，除稳压二极管外，加在二极管上的反向电压不允许超过反向击穿电压。

分析二极管伏安特性曲线可知，二极管的电压和电流之间呈**非线性**关系，所以二极管属于非线性器件。伏安特性曲线上各点所呈现电阻不同，正向特性曲线中 BC 段各点电阻远小于反向特性曲线中 OD 段各点电阻。

五、二极管的主要参数

1. 最大整流电流

它是指二极管长时间正常工作下，允许通过的最大正向工作电流的平均值，用字符 I_F 表示。

2. 最高反向工作电压

它是指二极管正常工作时所能承受的最高反向工作电压，用字符 U_{RM} 表示，它通常为反向击穿电压的 $1/3 \sim 1/2$。

3. 反向饱和电流

它是指二极管在规定的最高反向工作电压和环境温度下的反向电流值，用字符 I_R 表示。

六、二极管的简易判别

二极管的正、负极一般都在外壳上用图形符号、色点、标志环等标注出来，见表4—2。

表4—2　　　　　　　　　　　　常见二极管的正、负极

判别方法	图示	说明
通过二极管的造型判别	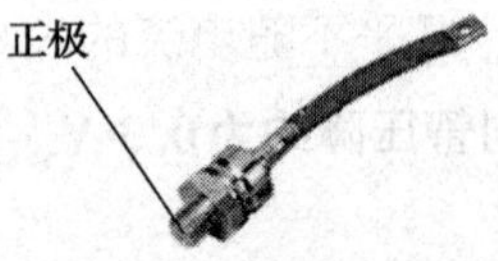 正极	螺栓端为正极
通过二极管的标注判别	 正极	在元件表面标注有二极管极性符号
	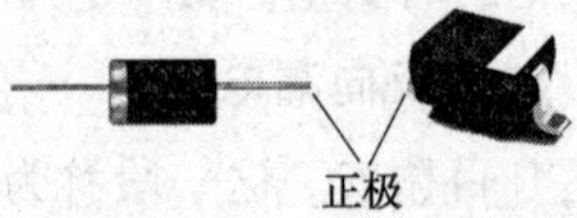 正极	有色环端为负极，另一端为正极
通过二极管的电极特征判别	 正极	长引脚为正极，短引脚为负极
通过二极管电极管键判别	 正极	比电极稍宽的管键为正极，另一端为负极

如果不能从二极管外观直接判别出正、负极，可利用二极管的单向导电性，即二极管正向电阻小、反向电阻大的特性，用万用表的电阻挡大致判断二极管的极性和好坏。

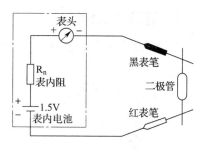

● 图4—5　万用表电阻挡等效电路

万用表电阻挡等效电路如图4—5所示。将万用表置于"R×100"或"R×1 k"电阻挡，这时指针式万用表表内电池为1.5 V，**红表笔连接表内电池负极，黑表笔连接表内电池正极。**

先将两表笔短接调零，然后将万用表的红、黑两支表笔跨接在二极管的两端（见图4—6a），若测得阻值较小（几千欧以下），再将红、黑表笔对调后接在二极管两端（见图4—6b），测得的阻值读数较大（几百千欧以上），说明二极管质量良好。测得的阻值较小的那一次黑表笔所接端为二极管的正极。

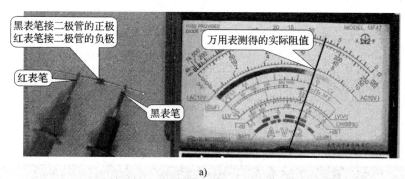

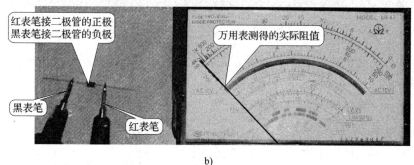

● 图4—6　用万用表检测二极管

a）测二极管正向电阻　b）测二极管反向电阻

七、常用二极管类型

根据PN结的伏安特性，利用不同的原材料和生产工艺，可制成不同用途的二极管。下面简要介绍几种常用的二极管。

1. 整流二极管

整流二极管外形如图4—7所示，其图形符号为二极管的基本符号。它利用二极管的单向导电性，将交流电转换为脉动直流电（二极管的整流原理将在本章第二节作详细介绍），如图4—8所示。

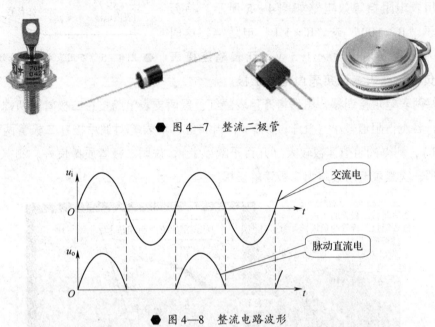

● 图4—7 整流二极管

● 图4—8 整流电路波形

链接

整流二极管在汽车电路中的应用

汽车上的发电机其实是一个三相交流发电机、整流二极管和电子调压器的总成，如图4—9所示。

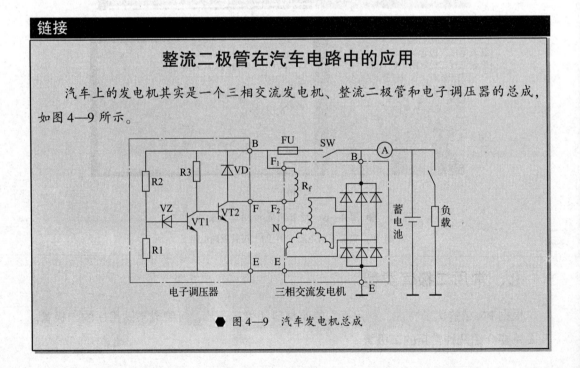

● 图4—9 汽车发电机总成

图 4—10 所示为常见的几种汽车发电机专用整流二极管。图 4—11 所示为整流、调压器总成。

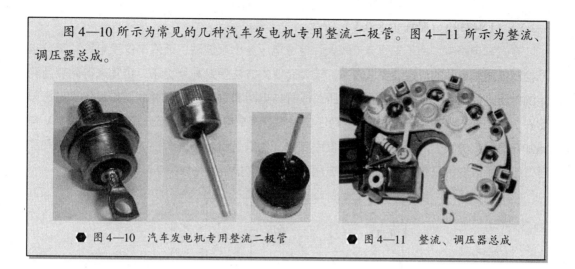

◆ 图 4—10　汽车发电机专用整流二极管　　　◆ 图 4—11　整流、调压器总成

2. 稳压二极管

稳压二极管是利用二极管的反向击穿特性来工作的半导体器件。稳压二极管的常见外形及图形符号如图 4—12 所示。稳压二极管在电路图中一般用字符 VZ 表示。

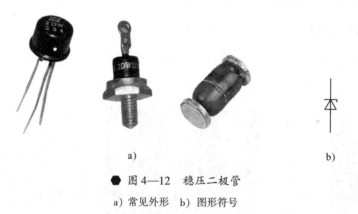

a)　　　　　　　　　　　　　　b)

◆ 图 4—12　稳压二极管

a) 常见外形　b) 图形符号

图 4—13 所示为稳压二极管的伏安特性曲线。可以看出，稳压二极管的正向特性与普通硅二极管相似，但它的反向击穿特性很陡。由于稳压二极管是采用特殊工艺制作的面接触硅材料二极管，当它工作在反向击穿区时，只要采取限流措施，稳压二极管就不会因击穿而烧坏。当流过稳压二极管的电流在 $I_{Zmin} \sim I_{Zmax}$ 范围内变化时，其两端电压几乎不变，这就是它的稳压特性。

常用稳压二极管的型号有 2CW55（稳压值 6.2 ~ 7.5 V）、2CW140（稳压值 13.5 ~ 17 V）等，国外产品有 1N4728A（稳压值 3.3 V）、1N4733A（稳压值 5.1 V）、1N4735A（稳压值

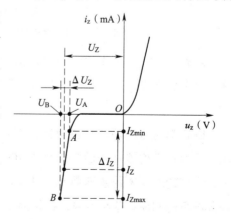

◆ 图 4—13　稳压二极管的伏安特性曲线

6.2 V）、1N4738A（稳压值 8.2 V）等。

在汽车电路中，由于工作电流较大，电源电压会出现波动，而汽车仪表电路和部分电子控制电路对电源的稳定性要求较高，较为简便的方法便是利用稳压二极管来得到较为稳定的电压，如图 4—14 所示。图中稳压二极管与电阻串联而与仪表并联。如果仪表电压限定在 7 V，则使用额定电压为 7 V 的稳压二极管。汽车电源电压一部分加在电阻上，7 V 电压加在稳压二极管上。即使电源电压发生变化，也只是引起不同大小的电流流过电阻和稳压二极管，改变的只是加在电阻上的电压，而稳压二极管始终维持 7 V 电压不变。

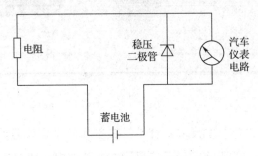

图 4—14　汽车仪表稳压电路

3. 发光二极管

利用二极管的光电效应，可制成各种颜色的发光二极管。常用发光二极管的结构、外形和图形符号如图 4—15 所示。其文字符号常用 LED 表示。

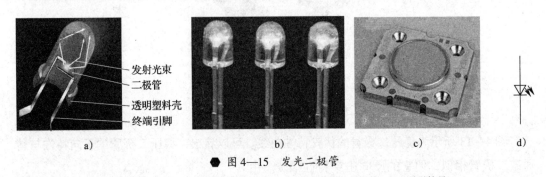

图 4—15　发光二极管

a) 内部结构图　b) 普通发光二极管　c) 贴片式发光二极管　d) 图形符号

发光二极管常用作照明或显示器件，除单个使用外，也可制成七段式或点阵显示器，显示数字或图形文字，甚至用成千上万个发光二极管点阵制成超大面积的户外电视屏幕。

LED 灯为冷光源，耗电量低，使用寿命长（可达 10 万小时），特别是启动时间极短，仅为几十纳秒（普通白炽灯为 100 ~ 300 ms），对于高速行驶至关重要的制动灯而言，这样的时间差距意味着相差 4 ~ 7 m 的制动距离，可大大降低事故发生率。目前，许多汽车的制动灯或组合尾灯都采用了 LED 灯。

图 4—16 所示为 LED 灯应用示例。

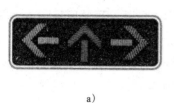

图4—16　LED灯应用示例

a) 交通信号灯　b) 点阵显示屏　c) 汽车尾灯

4. 光敏二极管

光敏二极管也称**光电二极管**，是一种将光信号变成电信号的半导体器件。它的基本结构也是一个PN结，但是它的PN结接触面积较大，可以通过管壳上的一个窗口接收入射光。光敏二极管的外形、内部结构和图形符号如图4—17所示。常见的国产光敏二极管有2CU、2DU等系列。

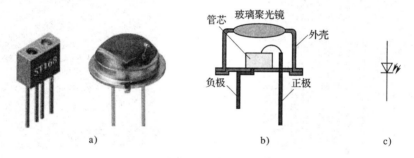

图4—17　光敏二极管

a) 外形　b) 内部结构　c) 图形符号

光敏二极管工作在反偏状态，当无光照时，反向电流很小，称为**暗电流**，一般小于 0.1 μA；当有光照时，反向电流迅速增大，可达几十微安，称为**光电流**。光电流不仅与入射光的强度有关，而且与入射光的波长有关。

图4—18所示为远红外线遥控电路。其中，图4—18a为发射电路，图4—18b为接收电路。

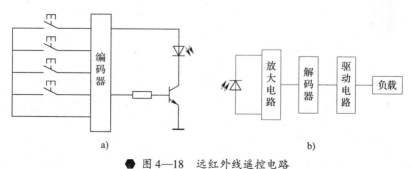

图4—18　远红外线遥控电路

a) 发射电路　b) 接收电路

当按下发射电路中某一按钮时，编码器产生调制的脉冲信号，并由发光二极管转换成光脉冲信号发射出去，接收电路中的光敏二极管将光脉冲信号转变成电信号，经放大、解码后由驱动电路驱动负载做出相应的动作。

光敏二极管不仅能构成光电传感器件，如果制成受光面积大的光敏二极管，还可转化为一种能源，称为**光电池**。图4—19所示为太阳能LED路灯。

检测光敏二极管可以用万用表的 R×1 k 电阻挡测量它的反向电阻，要求无光照时电阻要大，有光照时电阻要小。若有、无光照时电阻差别很小，表明光敏二极管质量不好或已损坏。

5. 开关二极管

开关二极管一般用于接通或切断电路，它是利用 PN 结的正向偏置导电、反向偏置截止的特性完成工作的。常见的开关二极管外形如图4—20所示，其符号与普通二极管一样，典型的型号有 1N4148 等。

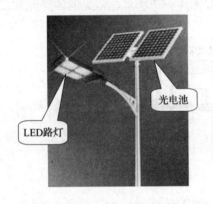

◆ 图4—19 太阳能LED路灯

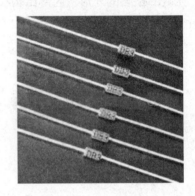

◆ 图4—20 开关二极管

6. 变容二极管

变容二极管是利用 PN 结电容效应的一种特殊二极管。当变容二极管加上反向电压时，其结电容会随反向电压的大小而变化。变容二极管的外形、图形符号和 C-u 特性曲线如图4—21所示。

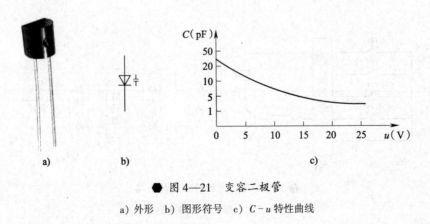

◆ 图4—21 变容二极管

a）外形　b）图形符号　c）C-u 特性曲线

图4—22所示为变容二极管的应用电路。当调节电位器 RP 时，加在变容二极管上的电压发生变化，其电容相应改变，从而使振荡回路的谐振频率也随之改变。

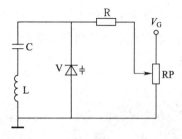

● 图4—22 变容二极管的应用电路

链接

光敏二极管在汽车电路中的应用

1. 光电式点火信号发生器

图4—23所示为汽车光电式点火信号发生器结构图。其主要由遮光盘、分电器轴、光源、光接收器等组成，采用发光二极管作光源。发光二极管发出的红外线光束一般还要用一只近似半球形的透镜聚焦，以便增大光束强度，有利于光接收器接收光源。光接收器可以是光敏二极管，也可以是光敏三极管。光接收器与光源相对，以便使光源发出的红外线光束聚焦后照射到光接收器上。

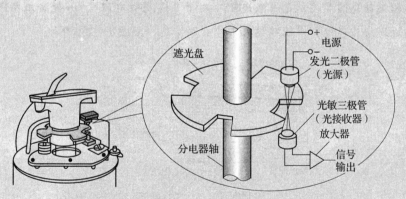

● 图4—23 汽车光电式点火信号发生器结构图

遮光盘安装在分电器轴上，位于分火头下方，其外缘开有与发动机缸数相同的缺口。当遮光盘随分电器轴转动时，光源发出的射向光接收器的光束被遮光盘交替遮挡，因而光接收器交替导通与截止，形成矩形脉冲点火信号，经放大整形后送至电子点火控制单元。

2. 光电式曲轴位置传感器

汽车上的曲轴位置传感器一般有三种，即霍尔式、电磁式和光电式。其中的光电式曲轴位置传感器外形如图4—24a所示。光电式曲轴位置传感器的工作原理如图4—24b所示，带有一个或数个缺口的转盘随曲轴转动，转盘的两侧对应放置着发光二极管—光敏二极管组。平时发光二极管发出的光线被转盘遮挡，不能照射到光敏二极管上，光敏二极管的阻值较大；只有在缺口转到传感器位置时，发光二极管发出的光线才能照射到光敏二极管上，使光敏二极管的阻值下降，形成转速信号。

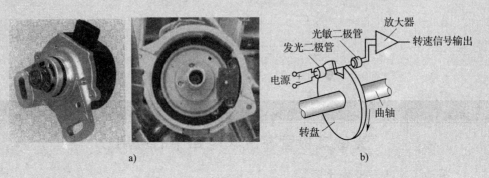

a)　　　　　　　　　　　　b)

● 图4—24　光电式曲轴位置传感器

a）外形　b）工作原理图

3. 汽车阳光传感器

汽车阳光传感器也称日照传感器，它用于汽车空调系统对日照的检测，为汽车空调ECU提供光照强度的信息，以合理控制汽车空调系统的正常运行。

汽车阳光传感器其实就是一只光敏二极管（或光敏电阻），一般安装在汽车仪表板前端靠近风窗玻璃处，以正确接收车外光照信息，如图4—25所示。

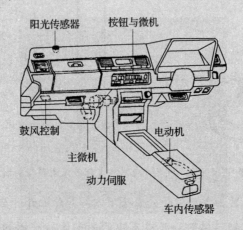

● 图4—25　阳光传感器在汽车上的安装位置

§4—2　二极管整流电路

学习目标

1. 掌握单相半波整流电路和单相桥式整流电路的组成及工作原理。
2. 掌握三相桥式整流电路的组成及工作原理。
3. 了解硅整流堆的应用。
4. 了解滤波电路的基本形式和工作原理。

汽车蓄电池是直流电源，因此必须用直流电源对其进行充电；如果是交流电源，就必须先将其转换为直流电源才能对汽车蓄电池进行充电。将交流电转换为直流电称为**整流**。具有单向导电性的二极管是最常用的整流元件。

一、单相半波整流电路

1. 电路组成

单相半波整流电路通常由一个降压变压器、一个整流二极管和一个负载组成，如图4—26a所示。

2. 工作原理

电路中，变压器 T 的作用是将电网电压 u_1 变换为所需的交流电压 u_2。当 u_2 为正半周时，设 A 端为正，B 端为负，二极管 VD 正偏导通，电流由 A 端流出，经 VD、R_L 回到 B 端。忽略二极管正向压降，负载两端电压 $u_L \approx u_2$。

当 u_2 为负半周时，B 端为正，A 端为负，二极管反偏截止，负载上无电流通过，$u_L = 0$。

以后各周期重复上述过程，整流电路输出波形如图 4—26b 所示。

3. 负载上的直流电压 U_L

U_L 为负载上脉动电压在一个周期内的平均值，它等于变压器二次侧电压有效值 U_2 的 45%，即

$$U_L = 0.45U_2 \tag{4—1}$$

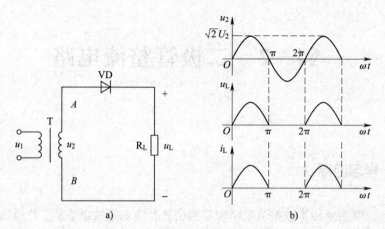

a)

b)

● 图 4—26　单相半波整流电路

a）实验电路　b）整流波形

4. 整流二极管的选用

（1）二极管最大整流电流 I_F 的选择

单相半波整流电路中流过二极管的平均电流就是流过负载的平均电流，因此整流二极管的最大整流电流应大于负载电流，即 $I_F > I_L$。

（2）二极管最高反向工作电压 U_{RM} 的选择

当交流电压在 1.5π、3.5π 等时刻时，二极管承受最高反向工作电压，因此

$$U_{RM} > \sqrt{2}U_2 \tag{4—2}$$

二、单相桥式整流电路

1. 电路组成

单相桥式整流电路通常由一个降压变压器、四个整流二极管和一个负载组成，如图 4—27a 所示。图 4—27b 所示为单相桥式整流电路输出波形。

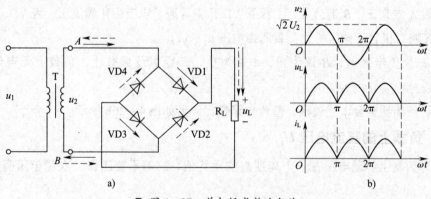

a)

b)

● 图 4—27　单相桥式整流电路

a）实验电路　b）整流波形

对比输入、输出电压的波形，可以清楚地看到正弦交流电经桥式整流后转变为全波脉动电压。

图4—28所示为单相桥式整流电路的三种常见画法。

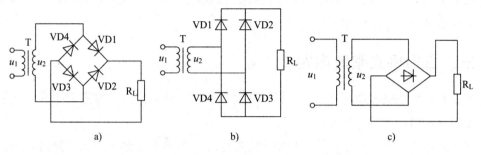

● 图4—28 单相桥式整流电路的三种常见画法

2. 工作原理

在如图4—27a所示的电路中，当u_2为正半周时，设A端为正，B端为负，则二极管VD1、VD3导通，VD2、VD4截止。电流通路如图4—29a所示，R_L上电流方向为由上向下，电压极性为上正下负。

当u_2为负半周时，设B端为正，A端为负，二极管VD2、VD4导通，VD1、VD3截止。电流通路如图4—29b所示，R_L上电流方向和电压极性与u_2正半周时相同。

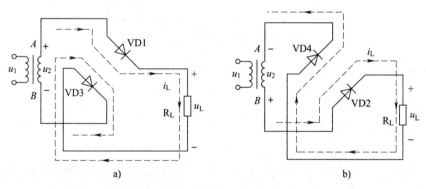

● 图4—29 单相桥式整流电流通路

3. 负载上的直流电压 U_L

U_L为负载上脉动电压在一个周期内的平均值，相当于两个半波整流组合作用在负载上，故$U_L = 0.45U_2 + 0.45U_2$，即

$$U_L = 0.9U_2 \qquad (4—3)$$

4. 整流二极管的选用

（1）二极管最大整流电流I_F的选择

单相桥式整流电路中流过二极管的平均电流是流过负载电流的一半，因此整流二极

管的最大整流电流应大于负载电流的一半，即 $I_F > \frac{1}{2} I_L$。

（2）二极管最高反向工作电压 U_{RM} 的选择

由图4—29不难看出，在忽略二极管导通电阻的情况下，截止管所承受的最高反向工作电压为 $\sqrt{2}\, U_2$，所以应取 $U_{RM} > \sqrt{2}\, U_2$。

三、三相桥式整流电路

单相整流电路输出功率不大，一般不超过几千瓦，若需要大功率直流电源，一般要用三相整流电路。

图4—30所示为应用最广的三相桥式整流电路，电源变压器一次绕组接成△形，二次绕组接成Y形，VD1、VD2、VD3共阴极连接，VD4、VD5、VD6共阳极连接。

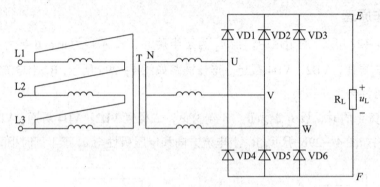

● 图4—30　三相桥式整流电路

三相桥式整流电路工作波形如图4—31所示。

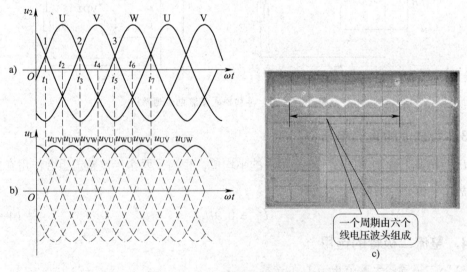

一个周期由六个
线电压波头组成

c)

● 图4—31　三相桥式整流电路工作波形
a) 二次侧电压波形　b) 输出波形　c) 实测输出波形

在 $t_1 \sim t_2$ 时间内，U 相电位最高，共阴极组中，VD1 优先导通；V 相电位最低，共阳极组中，VD5 优先导通；其余二极管截止。电流通路为 U→VD1→R_L→VD5→V。这时，$u_L = u_{UV}$。

在 $t_2 \sim t_3$ 时间内，U 相电位最高，VD1 继续导通，而 W 相电位变为最低，因此 VD1 与 VD6 串联导通，其余二极管截止。电流通路为 U→VD1→R_L→VD6→W。这时，$u_L = u_{UW}$。

在 $t_3 \sim t_4$ 时间内，V 相电位变为最高，W 相电位最低，共阴极组的二极管中换为 VD2 导通。因此 VD2 与 VD6 串联导通，电流通路为 V→VD2→R_L→VD6→W。这时，$u_L = u_{VW}$。

依此类推，不难得出如下结论：在任一瞬间，共阴极组和共阳极组中各有一个二极管导通，每个二极管在一个周期内导通 120°，负载上获得的脉动直流电压是线电压 u_{UV}、u_{UW}、u_{VW}、u_{VU}、u_{WU}、u_{WV} 的波峰连线。在一个周期内出现六个波头，负载电压为正压输出，输出的直流电压平均值为

$$U_L = 2.34U_2 \tag{4—4}$$

式中，U_2 为变压器二次侧相电压有效值。

与单相整流电路相比，显然三相桥式整流电路的输出波形要平滑整齐，脉动更小，而且变压器利用率高，更重要的是在大功率输出的情况下不会影响三相电网的平衡。三相桥式整流电路一般用在电解、电镀、电焊以及给直流电动机供电的直流电路中。

四、硅整流堆

将硅整流器件按某种整流方式连接后封装成一体就制成硅整流堆，俗称**硅堆**。

硅整流堆器件品种较多，在内部结构上，低压小电流硅堆的整流二极管按**半桥**或**全桥**方式组合，俗称**桥堆**，通常采用塑料或陶瓷封装；大电流硅堆则要采用特殊工艺制造，通常采用金属封装，有的还直接带有散热器。常见硅堆外形如图 4—32 所示。

a)　　　　　　　b)　　　　　　　c)　　　　　　　d)

● 图 4—32　常见硅堆外形

a）单相整流桥　b）贴片式单相整流桥　c）三相整流桥　d）高压硅整流堆

采用硅整流堆构成的整流电路占用线路板空间小，安装方便，可靠性好。

五、滤波电路

交流电经整流后转换为脉动直流电，其中还含有较大的交流成分。为了得到平滑的直流电，必须在整流电路之后接入滤波电路，从而把脉动直流电中的交流成分过滤掉，使负载上能够得到更多的直流成分。

最常用的滤波元件是电容器和电感器。

1. 电容滤波电路

图 4—33 所示为桥式整流电容滤波电路。

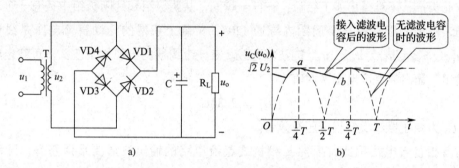

● 图 4—33　桥式整流电容滤波电路

a）电路图　b）波形图

设接通电源前电容 C 两端电压为零，当接通电源后，在 u_2 正半周，二极管 VD1、VD3 导通，电容 C 迅速充电（同时也向负载供电），电容 C 两端电压随 u_2 同步上升，并达到 u_2 的峰值（见图 4—33b 中 Oa 段）。

u_2 由峰值开始下降，即 $u_2 < u_C$ 时，VD1、VD3 截止（VD2、VD4 仍截止），电容 C 通过 R_L 放电，u_o 下降（见图 4—33b 中 ab 段）。

当下一个半周到来，而且达到 $u_2 > u_C$ 时，VD2、VD4 导通，电容又重复上述充放电过程。

图 4—33b 中虚线所示为未接滤波电容时的输出电压波形，实线所示为电容滤波后的输出电压波形。由于滤波电容的充放电作用，输出电压的脉动程度大为减弱，波形相对平滑，输出电压平均值也得到提高。

电容滤波的特点是：

（1）$R_L C$ 越大，电容放电越慢，输出直流电压平均值越大，滤波效果也越好；反之，输出电压低且滤波效果差，如图 4—34 所示，$CR_{L1} > CR_{L2}$。

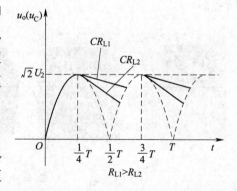

● 图 4—34　$R_L C$ 变化对电容滤波的影响

（2）当滤波电容较大时，在接通电源的瞬间会有很大的充电电流，称为**浪涌电流**。

（3）电容滤波适用于负载电流较小且变化不大的场合。

2. 电感滤波电路

电容滤波电路比较适用于负载电流较小且变化不大的场合。在负载电流很大（即负载电阻很小）的情况下，采用电容滤波，需要选容量很大的电容器，这样整流二极管的短时冲击电流（浪涌电流）也就很大，这时采用电感滤波效果较好。

桥式整流电感滤波电路如图4—35所示，**滤波电感与负载串联**。

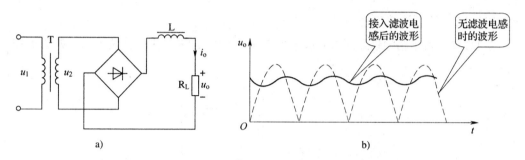

● 图4—35 桥式整流电感滤波电路

a）电路图 b）波形图

当负载电流 i_o 发生变化时，电感线圈两端要产生自感电动势来阻碍电流的变化。当 i_o 增大时，自感电动势的阻碍作用使 i_o 只能缓慢上升；当 i_o 减小时，自感电动势的阻碍作用又使 i_o 只能缓慢下降。所以 i_o 的脉动程度大为减弱，输出电压的波形变得比较平滑。

电感滤波对整流二极管没有电流冲击。一般来说，感抗 X_L 越大，滤波效果越好。为了增大 L 值，电感多用带铁芯的线圈，但其体积大，较笨重，成本高，输出电压也会降低，所以滤波电感常取几亨到几十亨。

电感滤波主要用于大电流负载或电流经常变化的场合。有些整流电路的负载是电动机绕组、继电器线圈等感性负载，负载本身就能起到平滑脉动电流的作用，这时可以不必另加滤波电感。

3. 复式滤波电路

为了进一步提高滤波效果，可以将电容器和电感器（或电阻器）组合成复式滤波电路。

（1）LC 型滤波电路

在电感滤波电路的基础上，再在 R_L 两端并联一个电容，便构成如图4—36所示的LC 型滤波电路。在脉动直流电经过电感 L，交流成分被削弱之后，再通过电容滤波，将交流成分进一步滤除，就可在负载上获得更加平滑的直流电压。

LC 型滤波电路带负载能力较强，在负载变化时，输出电压比较稳定。又由于滤波电容接于电感之后，因此可使整流二极管免受浪涌电流的冲击。

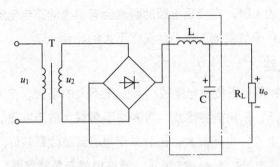

❻ 图 4—36　LC 型滤波电路

（2）LC-Ⅱ型滤波电路

在 LC 型滤波电路的输入端再并联一个电容，便构成LC-Ⅱ型滤波电路，如图4—37所示。

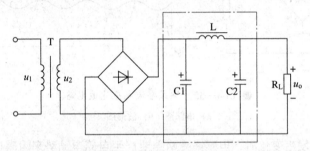

❻ 图 4—37　LC-Ⅱ型滤波电路

LC-Ⅱ型滤波电路比 LC 型滤波电路的输出电压高，波形也更平滑。但带负载能力较差，仍存在浪涌电流对整流二极管的影响。为了减小浪涌电流，一般取 $C_1 < C_2$。

（3）RC-Ⅱ型滤波电路

当负载电流较小时，常选用电阻 R 代替 LC-Ⅱ型滤波电路中的电感 L，构成 RC-Ⅱ型滤波电路，如图4—38所示。脉动电压中交流分量在电阻 R 上产生较大压降，使输出电压中的交流成分减少，同时直流分量也会在电阻 R 上产生直流压降和直流功率损耗，使输出直流电压降低。R 越大，滤波效果越好，同时能量损耗也越大。一般 R 取几十欧到几百欧，且满足 $R \ll R_L$。

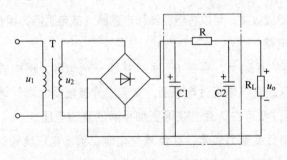

❻ 图 4—38　RC-Ⅱ型滤波电路

§4—3 晶 闸 管

学习目标

1. 了解普通晶闸管的结构和图形符号。
2. 掌握普通晶闸管的导电特性和主要参数。
3. 了解双向晶闸管的导电特性及其在调光电路中的应用。
4. 理解晶闸管可控整流电路的组成和工作原理。
5. 了解晶闸管在汽车电路中的应用。

晶闸管是硅晶体闸流管的简称，是一种**可控制的硅整流器件**，也称**可控硅**（SCR）。它是一种大功率半导体器件，广泛应用于可控整流、无触点继电器、交流调压、电动机速度控制等。能以毫安级小电流去控制大功率的机电设备，功率放大倍数高达几十万倍。作为电控开关器件，它无触点、无火花、无噪声，且反应速度极快，能在微秒级内开通或关断。另外，用它制成的开关电路成本远低于传统的控制电路，且效率高、电路简单。

晶闸管有多种类型，主要有普通型（单向型）、双向型、可关断型、快速型和光控型等。

一、普通晶闸管的外形、结构和图形符号

晶闸管的外形有塑封式（小功率）、平板式（中功率）和螺栓式（中、大功率）三种，如图4—39所示。平板式和螺栓式晶闸管使用时固定在散热器上。图4—40所示为普通（单向）晶闸管的图形符号，它是在二极管符号的基础上又增加了一个控制极（也称门极），表示其特性相当于一个带有控制端的特殊二极管。

● 图4—39 晶闸管外形

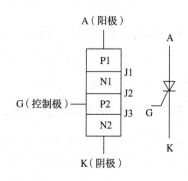

● 图4—40 晶闸管图形符号

二、普通晶闸管的导电特性

晶闸管的导电特性可通过如图4—41所示的实验加以说明。图中晶闸管阳极 A、阴极 K、灯泡 HL 和电源 GB1 构成主回路，控制极 G、阴极 K、开关 S、电阻 R 和电源 GB2 构成控制回路。

1. 正向阻断

如图4—41a所示，在晶闸管的阳极和阴极之间加正向电压，而控制极不加正向电压，灯不亮，这种状态为正向阻断。

2. 触发导通

如图4—41b所示，在晶闸管的阳极和阴极之间加正向电压，再闭合开关 S，使控制极和阴极之间也加上正向电压（触发电压），这时灯亮，说明晶闸管已导通，这种状态称为触发导通。晶闸管一旦正向导通，控制极便失去作用，使导通后的晶闸管关断的方法是在晶闸管的阳极和阴极之间加反向电压或将阳极电流减到足够小的程度，即**维持电流**以下。

3. 反向阻断

如图4—41c所示，在晶闸管的阳极和阴极之间加反向电压，这时不论是否加控制电压，也不论控制极所加的是正向电压还是反向电压，灯都不亮，晶闸管都不导通，这种状态为反向阻断。

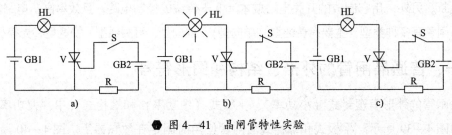

图4—41　晶闸管特性实验

a）正向阻断　b）触发导通　c）反向阻断

三、晶闸管的主要参数

1. 反向阻断峰值电压（U_{RRM}）

反向阻断峰值电压也称反向重复峰值电压，它是指在门极开路时，允许重复加在晶闸管阳极 A 与阴极 K 之间的最大反向峰值电压。

2. 正向阻断峰值电压（U_{DRM}）

正向阻断峰值电压也称正向重复峰值电压，它是指在门极开路时，允许重复加在晶闸管阳极 A 与阴极 K 之间的最大正向峰值电压。

U_{DRM} 通常作为晶闸管的额定工作电压，略小于 U_{RRM}，但相差不大，习惯上统称峰值电压。

3. 通态平均电流（$I_{T(AV)}$）

通态平均电流是指在规定的环境温度和散热条件下，允许通过的工频半波电流在一个周期内的最大平均值。

4. 通态平均电压（$U_{T(AV)}$）

通态平均电压是指晶闸管导通时管压降的平均值，一般为 0.4~1.2 V。

5. 维持电流（I_H）

维持电流是指在规定的环境温度和散热条件下，维持晶闸管继续导通的最小电流，一般为几毫安到几十毫安不等。

6. 门极触发电压（U_G）

门极触发电压是指在规定的环境温度和一定的正向电压下，使晶闸管从阻断到导通所需要的最小控制电压。

7. 门极触发电流（I_G）

门极触发电流是指在规定的环境温度和一定的正向电压下，使晶闸管从阻断到导通所需要的最小控制电流。

小功率晶闸管的门极触发电压约为 1 V，门极触发电流为零点几毫安到几毫安；中功率以上晶闸管的门极触发电压为几伏到几十伏，门极触发电流为几十毫安到几百毫安。

四、晶闸管的简易检测

1. 判别管脚极性

常见晶闸管的引脚排列见表 4—3。

表 4—3　　　　　　　　　　常见晶闸管的引脚排列

类型	图示	引脚排列
金属封装螺栓型晶闸管	 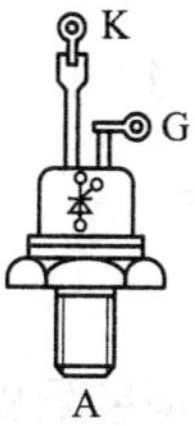	螺栓一端为阳极 A 较细的引线端为门极 G 较粗的引线端为阴极 K
平板型晶闸管	 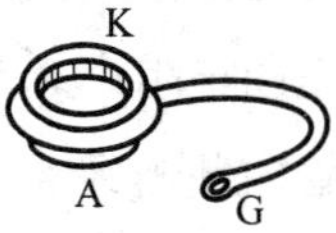	引出线端为门极 G 平面端为阳极 A 另一端为阴极 K

续表

类型	图示	引脚排列
塑封（TO－220）晶闸管	CR3AM K A G	中间引脚为阳极 A 且多与自带散热片相连
塑封晶闸管	MCR100-6 MCR 100-6 P86 K G A	因型号不同，引脚排列有所不同
贴片式晶闸管	A K A G	因型号不同，引脚排列有所不同

螺栓型、平板型晶闸管一般凭外形即可判断各个电极。对于一些小电流的塑封管可按以下方法判别：

将万用表置"R×100"挡，测量晶闸管任意两脚间电阻，当万用表指示低阻值时，黑表笔所接为控制极 G，红表笔所接为阴极 K，其余一脚为阳极 A，如图4—42所示。其他情况下所测电阻均为无穷大。

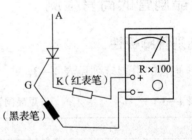

◆ 图4—42　单向晶闸管极性判别

2. 检测晶闸管质量

（1）将万用表置"R×1k"挡，测量阳极 A 和阴极 K 间的正反向电阻，均应为高阻值；测量控制极 G 与阳极 A 间的正反向电阻，也均应为高阻值；测量控制极 G 与阴极 K 间的正反向电阻应有差别，即正向电阻小。若 G 极与 A 极之间、A 极与 K 极之间的正反向电阻都很小，说明单向晶闸管内部击穿。

（2）对小功率的晶闸管可按下述方法进行检测：将万用表置"R×10"挡，黑表笔接晶闸管阳极 A，红表笔接阴极 K，表针应接近∞ 处。在不断开与阳极 A 接触的同时，用黑表笔接触控制极 G（相当于在控制极加触发电压），此时表针摆动，说明晶闸管导通。然后在不断开与阳极 A 接触的情况下，将黑表笔与控制极 G 脱开，表针并不返回原处，说明晶闸管仍维持导通。据此可判断该晶闸管质量良好。

（3）如果是用数字式万用表检测晶闸管，可将万用表置 "h_{EF}" 挡，晶闸管阳极接 C 孔，阴极接 E 孔，控制极悬空。这时应显示 "0"，若显示千位为 "1"，则表明晶闸管已击穿。当显示为 "0" 时，把控制极接到阳极，这时若显示千位为 "1"，或同时后三位也有数字闪动，说明晶闸管已触发导通。断开控制极与阳极的连线，显示数字仍保持不变，说明该管质量良好。

五、双向晶闸管

双向晶闸管是在普通晶闸管的基础上发展起来的，常见的双向晶闸管实物外形和电路符号分别如图 4—43a 和图 4—43b 所示。双向晶闸管有三个极，它们依次是第一阳极 A1（T1）、第二阳极 A2（T2）、控制极 G。

双向晶闸管在功能上如同两个门极连在一起的两个反向并联的晶闸管，如图 4—43c 所示。

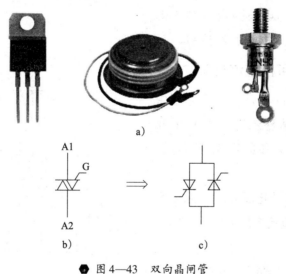

● 图 4—43　双向晶闸管

a）常见外形　b）电路符号　c）等效电路

双向晶闸管的导电特性如下：

当第一阳极 A1 上的电压高于第二阳极 A2 上的电压，并有大于 A2 上的电压加到门极 G 时，电路中便有电流由 A1 流向 A2，如图 4—44a 所示。

当第二阳极 A2 上的电压高于第一阳极 A1 上的电压，并有小于 A2 上的电压加到门极 G 时，电路中便有电流由 A2 流向 A1，如图 4—44b 所示。

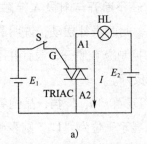

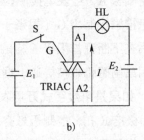

图 4—44　双向晶闸管的双向导通性能

a) 有电流由 A1 流向 A2　b) 有电流由 A2 流向 A1

与普通晶闸管类似，双向晶闸管一旦导通，即使失去触发电压，也能继续保持导通状态。只有当流过 A1 或 A2 的电流足够小（小于维持电流）或 A1、A2 间的电压极性改变且无触发电压时，双向晶闸管才会截止，此时只有重新加上触发电压才可导通。导通时，A1、A2 间的压降约为 1 V。

六、晶闸管应用举例

晶闸管能"以弱控强"，用小功率的信号去控制大功率电路的工作状态，因此，晶闸管常作为弱电与强电联系的接口，高效地完成对电能的变换和控制。

1. 单相桥式可控整流电路

电路如图 4—45a 所示。电路主要由降压变压器 T、普通整流二极管 VD1 ～ VD4、普通晶闸管 V 和负载 R_L 等组成，其工作原理如下：

变压器二次侧交流电压 u_2，经桥式整流电路变换为脉动直流电压 u_2'，如图 4—45c 所示。

在 u_2' 的每一个周期里，晶闸管都承受着正向电压，但在触发端尚未加上触发脉冲电压 u_G 时，晶闸管处于正向阻断状态，负载电压 $u_L = 0$，如图 4—45e 所示。

在 $\omega t = \alpha$ 时，门极加上了触发电压 u_G（见图 4—45d），晶闸管导通。由于晶

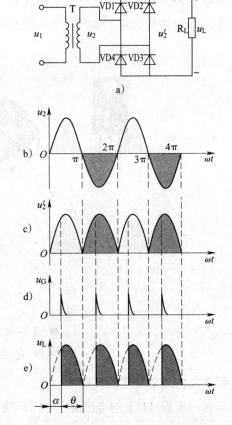

图 4—45　单相桥式可控整流电路

a) 电路图　b) 二次侧电压波形　c) 桥式整流输出电压波形

d) 门极触发电压波形　e) 输出电压波形

闸管正向压降很小，电源电压几乎全部加在负载 R_L 上，即 $u_L = u_2'$。

在 u_2' 的第一个周期里（$0 \sim \pi$ 期间），尽管触发脉冲 u_G 仅出现一下便消失，但晶闸管仍保持导通，因此，在这期间负载电压 $u_L = u_2'$。

在 $\omega t = \pi$ 时，$u_2' = 0$，晶闸管自行关断。

此后在 u_2' 的每一个周期里，不断重复着这一过程，在负载 R_L 上便得到了如图 4—45e 所示的一连串重复的脉动电压。图中，在控制极加上触发脉冲使晶闸管开始导通的角度 α 称为**控制角**。在 $0 \sim \alpha$ 期间，晶闸管正向阻断。$\pi - \alpha$ 被称为晶闸管的**导通角**（θ）。显然，**控制角越小，导通角越大，输出电压越高**。当 $\alpha = 0$ 时，导通角 $\theta = \pi$，称为**全导通**。

可见，改变触发脉冲输入的时刻，即可改变控制角 α 的大小，就可改变导通角 θ，负载 R_L 上的电压平均值也随之改变，从而达到可控整流的目的。

2. 交流电调压

交流电调压示意图如图 4—46 所示。电路采用双向晶闸管，调节触发脉冲的控制角便可实现交流调压。交流调压器可用于交流电动机的无级调速、调光及电热炉的恒温控制。

交流电调压技术常用于如图 4—47 和图 4—48 所示的白炽灯无级调光和电风扇无级调速等电路中，现以图 4—47 所示白炽灯调光电路为例做简要介绍。

调光电路主要由双向晶闸管 V、**触发二极管** VD、白炽灯 EL、电位器 RP 和电容器 C 等组成。其中，电位器 RP 和电容器 C 组成触发信号发生电路。

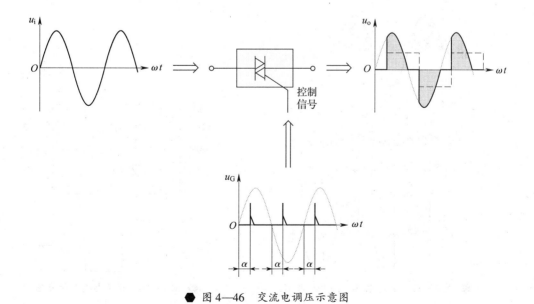

● 图 4—46 交流电调压示意图

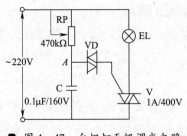

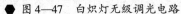

● 图4—47　白炽灯无级调光电路

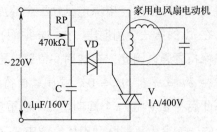

● 图4—48　电风扇无级调速电路

调光电路主要电压波形如图4—49所示。

在工作电压0～π期间，电容器C充电，电容器两端电压由0逐渐增大（上正下负）。开始时，电容器两端电压较小，触发二极管处于截止状态，双向晶闸管因得不到触发电压而截止，白炽灯不亮。当充电至t_1时刻，A点电压使触发二极管导通，接着双向晶闸管触发导通，白炽灯发光。同时，电容器C经触发二极管和双向晶闸管放电，电压很快下降，触发二极管很快截止，当工作电压过零时，双向晶闸管截止。

调节电位器RP的大小，可以改变晶闸管的导通角，使流过白炽灯的交流电压平均值有所不同，最终达到调节白炽灯亮度的目的。

3. 逆变与变频

逆变是整流的逆过程，即把直流电变为交流电，逆变过程可以用晶闸管来实现，基本电路如图4—50所示。如果令两组晶闸管V1、V3和V2、V4轮流切换导通，负载上便可得到交流输出电压u_L，u_L的频率取决于两组晶闸管的切换频率。变频技术被广泛应用于异步电动机的变频调速。

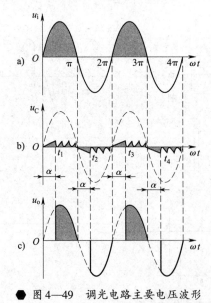

● 图4—49　调光电路主要电压波形

a）工作电压波形　b）电容两端电压波形（触发电压波形）

c）输出电压波形

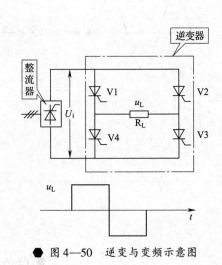

● 图4—50　逆变与变频示意图

链接

晶闸管在汽车电路中的应用

1. 高能汽车电子点火器

图4—51所示为一高能汽车电子点火器电路图。电路工作原理如下：

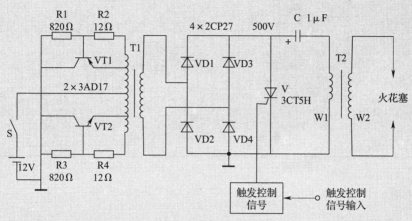

◆ 图4—51　高能汽车电子点火器

由电源变压器T1、三极管VT1和VT2、电阻R1～R4以及12 V蓄电池等组成逆变电路，把12 V直流电压变换为交流电压，再经VD1～VD4桥式整流，得到约500 V的直流电压。这个电压一方面加到了晶闸管V的阳极和阴极之间作为正向阳极电压；另一方面，通过点火线圈一次绕组W1对储能电容器C进行充电。

本点火器另有一个触发电路专门为晶闸管V提供门极信号。当晶闸管V被触发导通后，储能电容器C就通过点火线圈一次绕组W1迅速放电，于是在二次绕组W2中产生一个极高的感应电压，为火花塞提供点火电压。

2. 刮水器控制电路

图4—52所示为刮水器控制电路。电路由两部分组成，一是由单结晶体管V1、R1、R2、C、R3和R4等构成的振荡器，此电路能决定刮水器往复运动的频率；另一个是主要由晶闸管V2等所组成的执行电路，使刮水器动作。电路工作原理如下：

12 V电源经VD、R1、R2向C充电，上正下负，当电压上升到一定程度时，单结晶体管V1导通，在R4上产生脉冲电压而使晶闸管V2触发导通。单结晶体管V1导通时，C经其发射极E、第一基极B1和R4放电，当电压下降到一定程度时，晶闸管V2关断，12 V电源又经VD、R1、R2向C充电，循环往复，间歇振荡工作。

本电路可实现对汽车风窗玻璃刮水速度的完全控制，刮水器往复动作可放慢到任一速度，甚至可慢到4次/min。

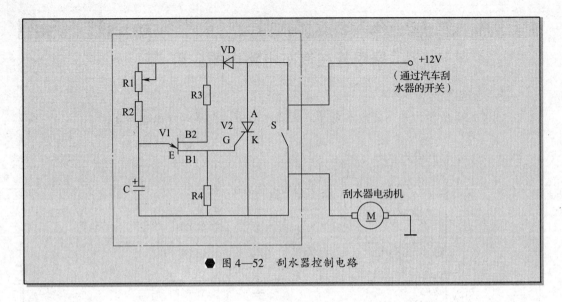

图4—52　刮水器控制电路

第五章
三极管与集成运算放大器

§5—1　三　极　管

学习目标

1. 了解三极管的结构、类型和符号。
2. 掌握三极管的电流放大作用。
3. 了解三极管的主要参数。
4. 掌握用万用表检测三极管的方法。

一、三极管的结构和类型

图 5—1 所示为常见三极管的外形。

● 图 5—1　常见三极管的外形

如图 5—2 所示，三极管有两个 PN 结，对应的三个半导体区分别为**发射区**、**基区**和**集电区**，从三个区引出的三个电极分别为**发射极**、**基极**和**集电极**，分别用 E、B、C 或 e、b、c 表示。发射区与基区之间的 PN 结称为**发射结**，集电区与基区之间的 PN 结称为**集电结**。

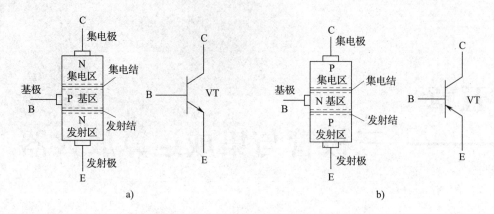

图 5—2　三极管结构及图形符号

a）NPN 型　b）PNP 型

　　按两个 PN 结的组合方式不同，三极管分为 **NPN 型**和 **PNP 型**两大类。其结构和图形符号分别如图 5—2a 和图 5—2b 所示。文字符号用 VT 或 V 表示。

　　虽然发射区和集电区半导体类型一样，但发射区掺杂浓度高，具有大量载流子；基区很薄，而且掺杂少，为的是让载流子易于通过；集电区面积比发射区面积大且掺杂少，便于收集载流子和散热。由此可见，三极管的发射极和集电极是不能互换使用的。

　　几种常见三极管封装形式与引脚排列见表 5—1。

表 5—1　　　　　　　　　　　几种常见三极管封装形式与引脚排列

类型	图示		引脚排列
大功率金属封装三极管（圆柱形）		B· · E· ·C	将引脚朝向自己，"品"字放正，从左起顺时针方向依次为 E、B、C
大功率金属封装三极管（非圆柱形）		C ·E · ·B 安装孔　　安装孔	面对管底，使引脚位于左侧，下面的引脚是基极 B，上面的引脚为发射极 E，管壳是集电极 C，管壳上两个安装孔用来固定三极管
小功率金属封装三极管		B· ·E·C 定位标志	面对管底，由定位标志起，按顺时针方向，引脚依次为发射极 E、基极 B、集电极 C

续表

类型	图示	引脚排列
中功率塑封三极管	B C E	面对管子正面（型号打印面），散热片为管子背面，引脚向下，从左至右依次为基极 B、集电极 C、发射极 E
贴片式三极管	B C E	面对管子正面（型号打印面），引脚向下，从左至右依次为基极 B、集电极 C、发射极 E

二、三极管的工作电压

图 5—3 所示为 NPN 型三极管放大电路的一般形式。

发射结加正向偏置电压，集电结加反向偏置电压，这是三极管电流放大的外部条件。这时三极管三个电极的电位关系为

$$V_C > V_B > V_E \qquad (5—1)$$

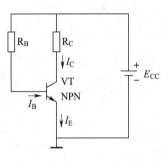

◆ 图 5—3　NPN 型三极管放大电路的一般形式

三、三极管的电流放大作用

三极管在放大状态下，有一个基极电流 I_B 就有一个与之相应的集电极电流 I_C，I_C 远大于 I_B，ΔI_C 远大于 ΔI_B。即较小的基极电流变化，就可引起较大的集电极电流变化，这就是三极管的电流放大作用。

三极管集电极电流 I_C 与相应的基极电流 I_B 之比，称为三极管的直流电流放大系数 $\overline{\beta}$ $\left(\overline{\beta} = \dfrac{I_C}{I_B} \right)$。

将三极管看作一个广义节点，根据基尔霍夫节点电流定律，可知发射极电流 $I_E = I_B + I_C$，所以三极管三个电极的电流关系为

$$I_C = \overline{\beta} I_B \qquad (5—2)$$

$$I_E = I_B + I_C = (1 + \overline{\beta}) I_B \qquad (5—3)$$

$\overline{\beta}$ 的大小反映了三极管放大电流的能力。必须强调的是，这种电流放大能力实质是 I_B 对 I_C 的控制能力，因为无论 I_B 还是 I_C 都是来自电源，如果没有电源，三极管本身是不能放大电流的。

$\overline{\beta}$ 与制造工艺有关，对于同一个三极管来说 $\overline{\beta}$ 是常数，而对于不同的三极管来说 $\overline{\beta}$ 一般不同。通常，在三极管的制造中，发射区掺杂浓度越高，基区做得越薄、掺杂浓度越低，则 $\overline{\beta}$ 越大。

四、三极管的输出特性

1. 三极管的输出特性曲线

输出特性曲线是指在 I_B 一定的条件下，三极管集电极与发射极之间电压 U_{CE} 与集电极电流 I_C 之间的关系曲线，如图 5—4 所示。

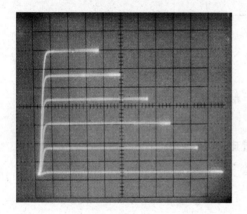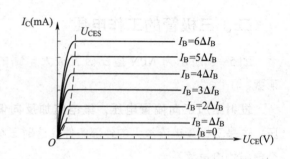

● 图 5—4　三极管输出特性曲线

在正常工作范围内，同一个三极管的输出特性曲线具有如下特点。

（1）除非基极电流为零，否则输出特性曲线簇中的每一条曲线形状相似。

（2）在同等基极电流下，集电极电流 I_C 起初会随集—射极电压 U_{CE} 的增大而显著增大（几乎成正比），但当 U_{CE} 大于某一值（U_{CES}，通常在 $0.5 \sim 1.0\,V$）以后，I_C 不再随 U_{CE} 改变，几乎保持不变，在图上近似为一条水平直线，而且相邻输出特性曲线间隔相等。

2. 三极管的三个工作区

根据三极管的工作状况，可以在三极管输出特性曲线簇上划分出放大区、截止区和饱和区，如图 5—5 所示。

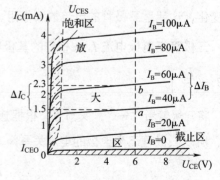

● 图 5—5　三极管的三个工作区

（1）放大区

在本区域里，每条输出特性曲线近似为一条水平直线，且相邻曲线间隔均匀；三极管的集电极电流远大于基极电流，并且与基极电流成正比。

人们把这个区域称为放大区，三极管只有在这个区域里，关系式 $I_C = \bar{\beta} I_B$ 才成立。

（2）截止区

在本区域里，基极电流大小为零，集电极电流很小，接近于零。

（3）饱和区

在本区域里，集电极和发射极之间电压较小，集电极电流较大，且集电极电流与基极电流不成正比，但与集—射极电压有着明显的关系。人们把这个区域称为饱和区。

3. 三极管的开关特性

三极管的三种工作状态（放大状态、饱和状态和截止状态）为利用三极管提供了不同的选择。在模拟电路中，可以将三极管限定在放大区工作，以保证三极管对信号的线性放大。而在数字和脉冲电路中，则让三极管工作在饱和与截止两种状态，以实现集、射极之间的"开关作用"。

如图5—6所示，当输入电压低于三极管截止区电压或反向偏置时，三极管截止，集电极—发射极等效于一个断开的开关。而当输入电压足以让三极管进入饱和状态时，集电极—发射极等效于一个接通的开关。

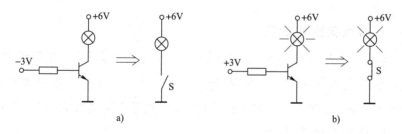

● 图5—6 三极管的开关特性

a）近似于断开的开关 b）近似于接通的开关

由于三极管响应速度快、无噪声，而且无机械磨损，所以越来越多的机械开关已被三极管所取代。图5—7所示为三极管在汽车电路中的应用。

五、三极管的主要参数

1. 共发射极直流电流放大系数

共发射极直流电流放大系数用符号 $\bar{\beta}$（或 h_{FE}）表示，它是指集电极电流与基极电流的比值，即

$$\bar{\beta} = \frac{I_C}{I_B} \qquad (5—4)$$

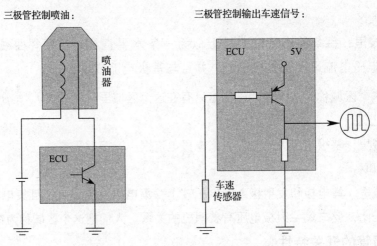

三极管控制喷油：　　　　　　　三极管控制输出车速信号：

◆ 图5—7　三极管在汽车电路中的应用

2. 共发射极交流电流放大系数

共发射极交流电流放大系数用符号 β（或 h_{FE}）表示，它是指集电极电流增量与基极电流增量的比值，即

$$\beta = \frac{\Delta I_C}{\Delta I_B} \tag{5—5}$$

一般情况下，$\overline{\beta}$ 和 β 在数值上相差不多，所以在实际应用中通常将它们统称为电流放大倍数。

3. 集—基极反向饱和电流

集—基极反向饱和电流用符号 I_{CBO} 表示，它是指在发射极悬空、集电结处于反向偏置情况下流过集电极的电流，如图 5—8 所示。常温下，一般小功率硅管的 I_{CBO} 约为 $1\ \mu A$，而锗管达 $1\ mA$。这个电流对三极管的性能和稳定性至关重要，越小越好。

4. 集—射极反向饱和电流

集—射极反向饱和电流用符号 I_{CEO} 表示，它是指在基极悬空、集射结处于反向偏置情况下流过集电极的电流，如图 5—9 所示。I_{CEO} 也称穿透电流，它与 I_{CBO} 的关系是

$$I_{CEO} = (1 + \beta) I_{CBO} \tag{5—6}$$

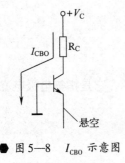

◆ 图5—8　I_{CBO} 示意图

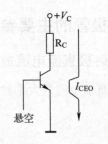

◆ 图5—9　I_{CEO} 示意图

5. 集电极最大允许电流

集电极最大允许电流用符号 I_{CM} 表示，它是指 β 下降到正常值的 2/3 时的集电极电流。如果集电极电流达到或超过此值，不但放大电路不能正常工作，还会使三极管损坏。

6. 集—射极反向击穿电压

集—射极反向击穿电压用符号 $U_{(BR)CEO}$ 来表示。不同的三极管，集—射极反向击穿电压通常是不同的。三极管在正常工作时，实际加在集电极和发射极间的电压应小于该管的集—射极反向击穿电压，并留有足够余地。否则，三极管极易击穿损坏。

7. 集电结最大允许耗散功率

集电结最大允许耗散功率用符号 P_{CM} 表示，当集电极电流 I_C 与集—射极电压 U_{CE} 的乘积达到或超过该值时，三极管极易过热烧毁。

对于工作在大功率下的三极管，通常采用加装散热片等降温措施来提高它的实际工作功率。

根据三极管的极限参数，人们将三极管输出特性曲线划分为安全工作区、I_{CM} 限制区、P_{CM} 限制区和击穿区，如图 5—10 所示。

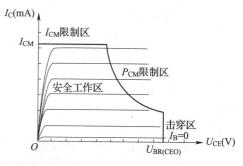

◆ 图 5—10 三极管的工作区和限制区

六、用万用表检测三极管

1. 确定基极和管型

如图 5—11 所示，万用表置 R×100 或 R×1 k 电阻挡，黑表笔接三极管任一引脚，用红表笔分别接触其余两个引脚，如果两次测得的阻值均较小，则黑表笔所接引脚为基极，管型为 NPN 型。如果两次测得的阻值相差很大，则应调换黑表笔所接引脚再测，直到找出基极为止。

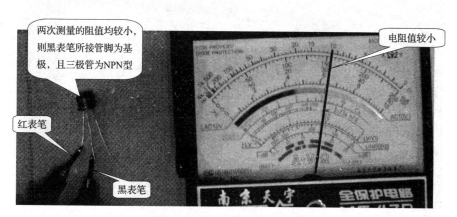

◆ 图 5—11 确定三极管的基极

红表笔接三极管任一引脚，用黑表笔分别接触其余两个引脚，如果两次测得的阻值均较小，则红表笔所接引脚为基极，管型为 PNP 型。

2. 确定集电极和发射极

在确定基极后，如果是 NPN 型管，可将红、黑表笔分别接在两个未知电极上，表针应指向无穷大处，如图 5—12 所示。再用手把基极和黑表笔所接引脚一起捏紧（**注意两极不能相碰**，即相当于接入一个电阻），如图 5—13 所示，记下此时万用表测得的阻值。然后对调引脚，用同样的方法再测得一个电阻，如图 5—14 所示。比较两次结果，读数较小的一次黑表笔所接的引脚为集电极，红表笔所接的引脚为发射极。若两次测试表针均不动，则表明三极管已失去放大能力。

PNP 型管测试方法相似，但在测试时，应用手同时捏紧基极和红表笔所接引脚。按上述步骤测两次阻值，则读数较小的一次红表笔所接引脚为集电极，黑表笔所接引脚为发射极。

如果是用数字式万用表测量三极管，可先用"$\overrightarrow{\cdot}$"挡，通过测量 PN 结的正向压降（发射结正向压降大，集电结正向压降小），确定三极管的引脚和管型，然后再选择"NPN"或"PNP"挡，把三极管的引脚插入相应插孔，即可显示"h_{FE}"。

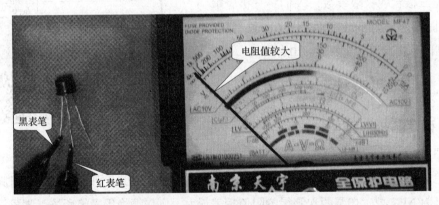

● 图 5—12　测试两个未知电极间电阻

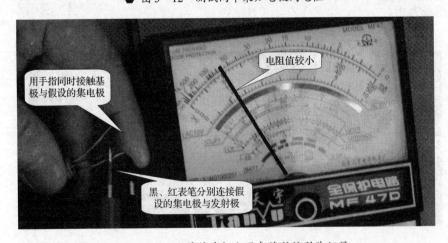

● 图 5—13　用手将基极和黑表笔所接引脚捏紧

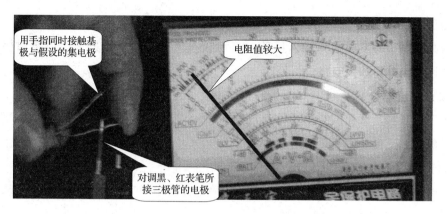

用手指同时接触基极与假设的集电极

电阻值较大

对调黑、红表笔所接三极管的电极

● 图5—14　对调三极管引脚再次测量

§5—2　三极管放大电路

学习目标

1. 掌握基本共射放大电路的组成和工作原理。
2. 了解分压式共射放大电路稳定工作点的原理。
3. 了解共集放大电路的特点和应用。

一、基本共射放大电路

1. 电路组成

如图5—15所示，基本共射放大电路由放大三极管 VT、基极偏置电阻 RP 和 R_B、集电极负载电阻 R_C、输入耦合电容 C1、输出耦合电容 C2 和直流电源 V_{CC} 等组成。

2. 电路中各元件的作用

（1）放大三极管 VT

它是放大电路的核心，起电流放大作用，可将微小的基极电流变化量转换成较大的集

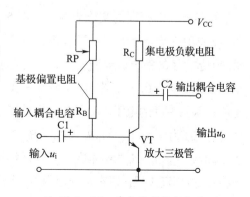

V_{CC}

RP

R_C　集电极负载电阻

基极偏置电阻

C2　输出耦合电容

输入耦合电容 R_B

C1

输出 u_o

输入 u_i

VT　放大三极管

● 图5—15　基本共射放大电路

117

电极电流变化量。

电路中基极→发射极为**输入回路**，集电极→发射极为**输出回路，以发射极为公共端**，所以称为共射放大电路。

（2）直流电源 V_{CC}

为三极管和负载提供能源，同时为三极管提供实现电流放大的外部条件，即发射结正偏，集电结反偏。

（3）基极偏置电阻 RP 和 R_B

配合直流电源为三极管提供一个合适的静态偏置电流 I_B，使三极管能不失真地放大交流信号。

（4）集电极负载电阻 R_C

将集电极电流的变化量转换成集电极电压的变化量，从而实现电压放大。

（5）耦合电容 C1、C2

输入耦合电容 C1 和输出耦合电容 C2 起"隔直通交"的作用。

隔直——隔离直流电源对信号源和负载的影响，同时也隔离信号源和负载对三极管直流工作状态的影响。

通交——当 C1、C2 足够大时，它们的容抗很小，可近似看作短路，这样可让交流信号顺利通过。

3. 电路工作原理

（1）直流偏置

电源 V_{CC} 一方面经 RP 和 R_B 为三极管 VT 的发射结提供合适的正向偏置电压，另一方面经 R_C 为集电结提供合适的反向偏置电压，使三极管 VT 处于放大状态。

（2）电流放大和电压放大

输入的交流信号电压 u_i 经输入电容 C1 加到三极管 VT 的基极与发射极之间，使流过基极的电流在原直流偏置电流的基础上叠加了与输入信号电压波形相同的交流电流，如图 5—16 所示。这时在集电极上产生了与基极电流波形相同但放大了的集电极电流 i_C，此电流在流过集电极负载电阻 R_C 时，在 R_C 上形成与集电极电流 i_C 波形相同的电压。由于集电极与发射极之间的电压为 $u_{CE} = V_{CC} - i_C R_C = V_{CC} - \beta i_B R_C$，所以 u_{CE} 的波形与 i_B、i_C 相位相反。此电压经输出电容 C2 的隔直作用，便在负载电阻 R_L 上形成与输入信号电压波形相同，但相位相反且放大

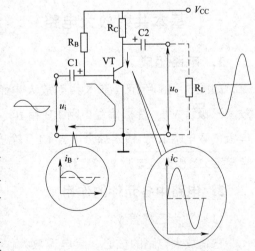

● 图 5—16 共射放大电路的电流和电压波形

了的输出电压，如图 5—16 所示。

4. 放大电路的估算分析法

（1）静态工作点的估算

放大电路未加信号（$u_i = 0$）时的状态称为**静态**。这时三极管的基极电流、集电极电流和集—射极电压等电路主要工作状态参数对三极管定位了一个点，这个点称为**静态工作点**，简称 **Q 点**。Q 点的这些参数分别用字符 I_{BQ}、I_{CQ} 和 U_{CEQ} 表示。

估计静态工作点应以放大电路的**直流通路**为依据，所谓直流通路就是放大电路处于静态时，直流电流的流通路径。所以在画直流通路时，要将电路中的电容视为开路，电感视为短路，图 5—17b 即为图 5—17a 所示放大电路的直流通路。

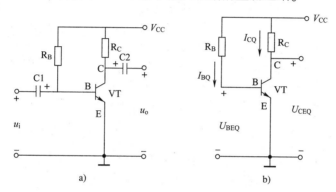

● 图 5—17　放大电路的直流通路
a）共射放大电路　b）直流通路

由图可得

$$I_{BQ} = \frac{V_{CC} - U_{BEQ}}{R_B} \tag{5—7}$$

一般当 $V_{CC} >$（3 ~ 5）U_{BEQ} 时可忽略 U_{BEQ}，则 $I_{BQ} = \dfrac{V_{CC}}{R_B}$。

$$I_{CQ} = \beta I_{BQ}, \quad U_{CEQ} = V_{CC} - I_{CQ}R_C \tag{5—8}$$

调节 R_B 即可起到调节静态工作点的作用，例如 $R_B \downarrow \to I_{BQ} \uparrow \to I_{CQ} \uparrow \to U_{CEQ} \downarrow$。$I_{CQ}$ 一般取集电极最大电流（V_{CC}/R_C）的一半左右即可，但由于测量 I_{CQ} 需要切断集电极回路，所以通常都是通过测量 U_{CEQ} 来调整 Q 点。

（2）放大电路交流参数的估算

放大电路输入交流信号 u_i 后的工作状态称为**动态**。这时，放大电路中同时存在**直流分量**和**交流分量**，由于放大电路中通常都存在电容、电感等电抗元件，所以分析放大电路的放大过程，必须以**交流通路**为依据。

所谓交流通路就是只允许交流信号流通的路径，所以在画交流通路时，小容抗的电容以及内阻小的电源，忽略其交流压降，都可以视为短路。图 5—18 即为图 5—17a 所示放大电路的交流通路。

1）三极管的输入电阻 r_{BE}

对一般低频小功率三极管，它的输入电阻通常可用下面的经验公式进行估算。

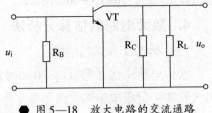

❖ 图 5—18　放大电路的交流通路

$$r_{BE} = 300 + （1+\beta） \frac{26 （mV）}{I_{CQ} （mA）} （\Omega）　（5—9）$$

小信号下 r_{BE} 为几百至一千欧。

2）放大电路的输入电阻 r_i

从放大电路的输入端看进去的交流等效电阻（**注意**：不包括信号源内阻），称为放大电路的输入电阻，用 r_i 表示。由图 5—19 可知

$$r_i = R_B \mathbin{/\mkern-5mu/} r_{BE}$$

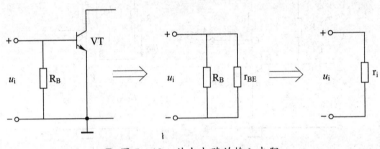

❖ 图 5—19　放大电路的输入电阻

因为一般低频小功率管的 r_{BE} 约为 1 kΩ，而 R_B 常在几百千欧以上，所以

$$r_i \approx r_{BE} \tag{5—10}$$

3）放大电路的输出电阻 r_o

从放大电路输出端看进去的交流等效电阻（**注意**：不包括负载电阻），称为放大电路的输出电阻，用 r_o 表示。由图 5—20 可知

$$r_o = R_C \mathbin{/\mkern-5mu/} r_{CE}$$

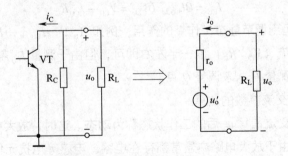

❖ 图 5—20　放大电路的输出电阻

因为当三极管处于放大状态时，集电极与发射极之间的交流等效电阻 r_{CE} 很大，一般为几十千欧到几百千欧，而 R_C 一般为几千欧，所以

$$r_o \approx R_C \tag{5—11}$$

4）交流电压放大倍数

$$A_{\mathrm{u}} = -\beta \frac{R'_{\mathrm{L}}}{r_{\mathrm{BE}}} \tag{5—12}$$

式中，$R'_{\mathrm{L}} = R_{\mathrm{L}} /\!/ R_{\mathrm{C}}$。

当不接负载时，电压放大倍数 $A_{\mathrm{u}} = -\dfrac{\beta R_{\mathrm{C}}}{r_{\mathrm{BE}}}$。

由于三极管的 β 一般为几十至几百，而放大电路交流等效电阻 R'_{L} 通常大于等于三极管基—射极电阻 r_{BE}，可见基本共发射极电路的交流电压放大倍数远大于1，具有电压放大作用。

二、分压式共射放大电路

1. 电路组成

基本共射放大电路虽然简单，但稳定性不好，静态工作点易受温度、电源电压波动等影响，图5—21所示的分压式共射放大电路可以克服这一缺点。

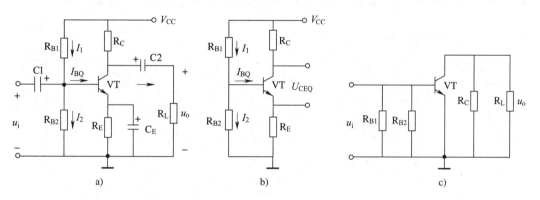

● 图5—21　分压式共射放大电路

a）分压式电路　b）直流通路　c）交流通路

在图5—21中，R_{B1} 为上偏置电阻，R_{B2} 为下偏置电阻，R_{B1} 和 R_{B2} 将电源电压 V_{CC} 分压后为三极管基极提供一个相对稳定的直流电流，所以称该电路为分压式偏置电路。C_{E} 为发射极电阻 R_{E} 的旁路电容。C_{E} 一般选用几十到几百微法的电解电容，在低频信号频率上的容抗很小，故称旁路电容。交流电流经 C_{E} 流入公共端，直流电流经 R_{E} 流入公共端。由于电容的隔直作用，C_{E} 对电路的静态工作点没有影响。

2. 稳定静态工作点的原理

适当选择 R_{B1} 和 R_{B2} 的值，使 R_{B1} 上所流过的直流电流 I_1 远大于 I_{BQ}（一般选 5 ~ 10 倍）。这时基极电压 U_{BQ} 就由 V_{CC} 和 R_{B1} 与 R_{B2} 的分压比确定，即

$$U_{\mathrm{BQ}} = \frac{V_{\mathrm{CC}} R_{\mathrm{B2}}}{R_{\mathrm{B1}} + R_{\mathrm{B2}}}$$

由于接入了发射极电阻 R_E，发射极直流电流 I_{EQ} 在其上产生直流电压，加到发射结的直流电压则为

$$U_{BEQ} = U_{BQ} - U_{EQ}$$

当温度升高而引起 I_{CQ} 增大时，I_{EQ} 和 U_{EQ} 也相应增大。由于 U_{BQ} 基本不变，加上 R_E 的负反馈作用，U_{BEQ} 就减小，I_{BQ} 随之减小，从而抑制了 I_{CQ} 的增大，最终使静态工作点趋于稳定。

上述过程可表示为

$$温度\,T \uparrow \longrightarrow I_{CQ} \uparrow \longrightarrow I_{EQ} \uparrow \longrightarrow U_{EQ} \uparrow \longrightarrow U_{BEQ} \downarrow$$
$$I_{CQ} \downarrow \longleftarrow I_{BQ} \downarrow \longleftarrow$$

由以上分析可知，主要是由于 R_E 对 I_{CQ} 变化的抑制作用，才使放大电路的静态工作点得到了稳定。

三、共集放大电路（射极输出器）

1. 电路组成

共集放大电路如图 5—22a 所示。图 5—22b 和图 5—22c 分别为其直流通路和交流通路。

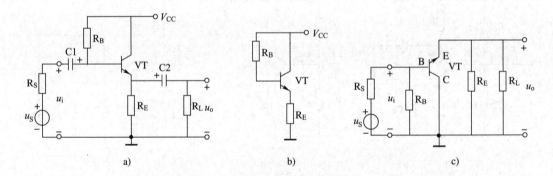

● 图 5—22　共集放大电路

a）原理电路　b）直流通路　c）交流通路

由图 5—22 可知，输入信号是从三极管的基极与集电极之间输入，从发射极与集电极之间输出。集电极为输入与输出电路的公共端，故称共集放大电路。由于信号从发射极输出，而且输出与输入同相位，所以又称这种电路为射极输出器。

2. 电路特点

（1）电压放大倍数小于 1 且接近于 1（$u_o = u_i - u_{BE} \approx u_i$），无电压放大能力，但由于其 $I_E = (1 + \beta) I_B$，所以，仍具有电流放大作用。

（2）输出电压与输入电压同相位。

（3）输入电阻较大。

（4）输出电阻较小。

3．电路应用

射极输出器具有电压跟随作用和输入电阻大、输出电阻小的特点，且有一定的电流和功率放大作用，因而无论是在分立元件多级放大电路还是在集成电路中都有十分广泛的应用。

（1）用作输入级，因为其输入电阻大，可以减轻信号源的负担。

（2）用作输出级，因为其输出电阻小，可以提高带负载的能力。

（3）用在两级共射放大电路之间作为隔离级（或称缓冲级）。因为其输入电阻大，对前级影响小；输出电阻小，对后级的影响也小，所以可以有效地提高总的电压放大倍数。

§5—3　反馈与振荡

学习目标

1. 理解反馈的基本概念，了解反馈的类型。
2. 了解负反馈对放大电路性能的影响。
3. 了解正弦波振荡器的基本组成和振荡条件。
4. 了解常见 LC 振荡电路的组成，会判断电路能否起振。
5. 了解反馈与振荡在汽车电路中的应用。

一、反馈

1．反馈的定义

将输出量（电压或电流）的一部分或全部通过一定的电路形式送回到输入回路，并对输入量产生影响的过程称为**反馈**。

引入了反馈的放大电路称为反馈放大电路，它由**基本放大电路**和**反馈电路**（反馈网络）两部分组成。图 5—23 所示为反馈放大电路的框图。图中⊗称为**比较环节**，输入信号与反馈信号相加，形成基本放大电路的**净输入量**，加到基本放大电路的输入端，而反馈信号则是由基本放大电路的输出端取出，经过**反馈网络**回送到输入端。基本放大电路可以是单级，也可以是多级，或是集成放大

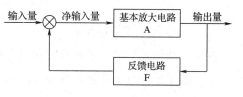

● 图 5—23　反馈放大电路框图

电路；反馈网络是由电阻、电容、电感、三极管等元件组成。反馈网络与基本放大电路组成一个闭环系统，所以把引入反馈的放大电路称为**闭环放大电路**，而未引入反馈的放大电路则称为**开环放大电路**。

反馈是改善放大电路性能的重要手段，也是自动控制系统中的重要环节。

2. 反馈的类型

（1）正反馈和负反馈

根据反馈极性的不同，可将反馈分为正反馈和负反馈。使放大电路净输入量增大的反馈称为正反馈，使放大电路净输入量减小的反馈称为负反馈，如图5—24所示。放大电路中主要采用负反馈，正反馈多用于振荡电路中。

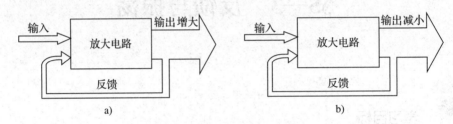

❻ 图5—24　反馈极性的判断

a）正反馈　b）负反馈

（2）电压反馈和电流反馈

根据负反馈信号从输出端取样方式的不同，可分为电压反馈与电流反馈。如果反馈信号取自放大电路的输出电压，称为电压反馈；如果反馈信号取自放大电路的输出电流，称为电流反馈。电压反馈的取样环节与放大电路输出端并联，电流反馈的取样环节与放大电路输出端串联，如图5—25所示。

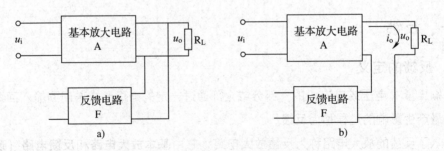

❻ 图5—25　反馈电路在输出端的取样分析

a）电压反馈　b）电流反馈

（3）串联反馈和并联反馈

根据反馈信号与输入信号连接方式（也称比较方式）的不同，可分为串联反馈与并联反馈。如果反馈信号在输入端是与信号源串联的，称为串联反馈；如果反馈信号在输入端是与信号源并联的，称为并联反馈，如图5—26所示。

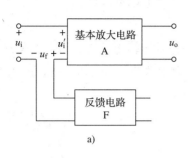 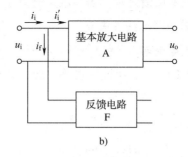

图 5—26　反馈信号与输入信号的连接方式

a）串联反馈　b）并联反馈

在放大电路中主要是引入负反馈，若同时考虑反馈电路与输入、输出回路的连接方式，负反馈可以归纳为以下四种类型。

（1）电流串联负反馈。

（2）电压串联负反馈。

（3）电流并联负反馈。

（4）电压并联负反馈。

3. 负反馈对放大电路性能的影响

（1）放大倍数下降，但稳定性能提高

为了便于分析，假设负反馈放大电路无附加相移。图 5—27c 所示为负反馈放大电路框图，图中 A 为基本放大电路，F 为负反馈电路，u_i 为输入量，u_f 为反馈量，u_i' 为净输入量，u_o 为输出量。基本放大电路的放大倍数称为开环放大倍数，用 A 表示。

$$A = \frac{u_o}{u_i'}$$

反馈信号与输出信号之比称为**反馈系数**，用 F 表示。

$$F = \frac{u_f}{u_o}$$

负反馈放大电路的放大倍数称为**闭环放大倍数**，用 A_f 表示。

$$A_f = \frac{A}{1 + AF} \qquad (5—13)$$

由式（5—13）可知，引入负反馈后，放大电路的闭环放大倍数衰减为开环放大倍数的 $1/(1 + AF)$。通常将 $1 + AF$ 称为**反馈深度**。当 $(1 + AF) \gg 1$ 时，称为深度负反馈。此时

$$A_f \approx \frac{1}{F} \qquad (5—14)$$

式（5—14）表明，在深度负反馈条件下，放大电路的闭环放大倍数已与开环放大倍数无关，它不再受放大电路各种参数的影响，而只由反馈系数 F 决定。此时，只要采

用高稳定性的反馈元件，闭环放大倍数 A_f 就能获得很高的稳定性。

（2）减小了非线性失真

当放大电路输入正弦信号时，由于三极管的输入与输出特性，有可能使放大电路输出信号波形的正、负半波幅度不一致，即产生非线性失真，如图 5—27a 所示。

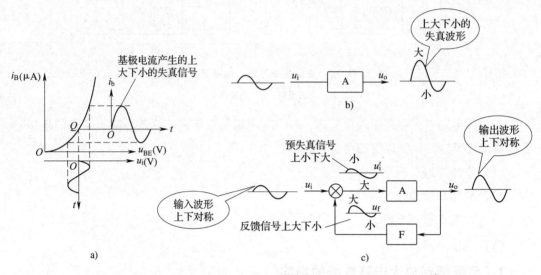

● 图 5—27　负反馈减小非线性失真

图 5—27b 所示是没有负反馈的情况，输出的失真波形上半波大，下半波小。引入负反馈后，如图 5—27c 所示，负反馈信号 u_f 与输入信号 u_i 进行叠加后使净输入信号 u_i' 上半波小，下半波大。这样的预失真信号经过放大后恰好得到补偿，使输出信号上、下半波幅度接近相等，从而减小了非线性失真。

（3）展宽了通频带

放大电路引入负反馈后，放大倍数下降，但放大倍数的稳定性得以提高，由于频率不同而引起的放大倍数的变化也因此减小。在不同频段放大倍数的下降幅度不同，中频段原放大倍数最大，但反馈信号也相应较大，所以放大倍数下降较多；而在高频段和低频段，由于原放大倍数较小，反馈信号相应较小，则放大倍数下降也较小，结果使放大电路的幅频特性趋于平缓，即通频带展宽了。

（4）改变了放大电路的输入、输出电阻

1）对输入电阻的影响

负反馈对放大电路输入电阻的影响取决于反馈信号在输入端的连接方式。串联负反馈使输入电阻增大，并联负反馈使输入电阻减小。

串联负反馈如图 5—28a 所示，虽然输入信号 u_i 不变，但净输入电压 $u_i' = u_i - u_f$ 减小了，输入电流也随之减小。既然输入电压不变而输入电流减小了，这就说明输入电阻增大了。

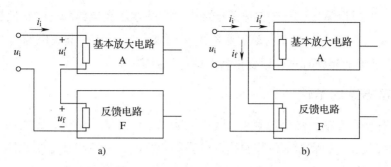

● 图5—28　负反馈对输入电阻的影响

a）串联负反馈　b）并联负反馈

并联负反馈如图5—28b所示，净输入电流 $i_i' = i_i - i_f$，即 $i_i = i_i' + i_f$。既然信号电压不变而信号源提供的总电流增大了，这就说明输入电阻减小了。

2）对输出电阻的影响

负反馈对放大电路输出电阻的影响取决于反馈信号从输出端的取样方式。电压负反馈使输出电阻减小，电流负反馈使输出电阻增大。

电压负反馈具有稳定输出电压的作用，即当负载变化时，输出电压的变化很小，这相当于输出等效电源的内阻减小了，也就是输出电阻减小了。

电流负反馈具有稳定输出电流的作用，即当负载变化时，输出电流的变化很小，这相当于输出端等效电源的内阻增大了，也就是输出电阻增大了。

二、正弦波振荡器

在电子电路中，常常需要各种波形的信号作为测试或控制信号。能产生正弦波信号的振荡电路称为正弦波振荡器。

1. 正弦波振荡器的基本组成

图5—29所示为正弦波振荡器的组成框图。

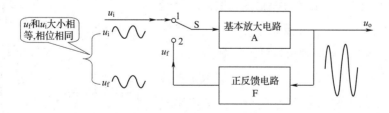

● 图5—29　正弦波振荡器的组成框图

当开关S接"1"时，输入信号 u_i 经基本放大电路放大，在输出端得到一个较大的输出信号 u_o。这时如果将开关S瞬间接"2"，从输出端引入正反馈信号 u_f，并使 u_f 与原输入信号 u_i 大小相等、相位相同，则整个电路在去掉输入信号 u_i 的情况下，即可依靠反馈信号 u_f 而持续输出稳定的信号。

由图 5—29 可以看出，正弦波振荡电路由一个**基本放大电路**和一个**正反馈电路**（或称正反馈网络）组成，但要产生单一频率的正弦波，还必须有**选频电路**（或称选频网络），此外，还要有**稳幅环节**，以保证输出信号的稳定。

2. 自激振荡的条件

由于自激振荡电路无须外加信号而是用反馈信号作为输入信号，因此要形成等幅振荡必须保证每次回送的反馈信号与原输入信号完全相同，即不仅要振幅相同，而且相位也要相同，所以振荡电路的自激振荡条件实际应包含以下两个条件。

（1）振幅平衡条件

根据反馈信号与输入信号大小相等的要求，设放大电路电压放大倍数为 A，反馈系数为 F，则有 $u_f = AFu_i = u_i$，可得

$$AF = 1 \qquad\qquad (5-15)$$

一般取 $AF \geq 1$，这样做是为了便于电路起振。

（2）相位平衡条件

根据反馈信号与输入信号相位相同的要求，基本放大电路与反馈网络的总相移必须等于 2π 的整数倍，即

$$\varphi_A + \varphi_F = 2n\pi \quad （n \text{ 为整数}） \qquad\qquad (5-16)$$

这样所引入的反馈才是正反馈。

振荡电路只有同时满足幅度平衡条件和相位平衡条件才有可能起振。

3. 变压器反馈式 LC 振荡电路

一般来说，LC 振荡电路也应该包括基本放大电路、正反馈网络、选频网络和稳幅环节等组成部分。如果利用一个变压器与 LC 选频网络耦合，将反馈信号送到放大电路的输入端，这样组成的振荡电路称为变压器反馈式 LC 振荡电路。

共射变压器反馈式 LC 振荡电路如图 5—30 所示，假设三极管输入信号瞬时极性为" + "，由于 LC 回路谐振时为纯阻性，因此三极管集电极瞬时极性为" – "，反馈线圈 L1 的同名端瞬时极性为" + "，反馈到输入端，与输入信号极性相同，满足相位平衡条件。只要三极管的电流放大系数 β 合适，L1 与 L 的匝数比合适，即可满足振幅平衡条件。该电路振荡频率为

$$f_0 = \frac{1}{2\pi\sqrt{LC}} \qquad (5-17)$$

共射变压器反馈式 LC 振荡电路的功率增益高，容易起振，但由于共射电流放大系数随工作频

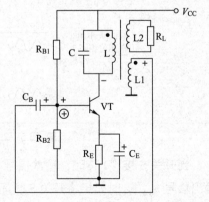

● 图 5—30　共射变压器反馈式
LC 振荡电路

率的增高而急剧降低，所以当改变频率时振荡幅度将随之变化，因此该振荡电路常用于固定频率的振荡器。

4. 三点式 LC 振荡电路

在变压器反馈式 LC 振荡电路中，由于反馈信号与输出信号靠磁路耦合，因而损耗较大。为了克服这一缺点，加强谐振效果，可采用直接从 LC 选频网络引出反馈信号的三点式 LC 振荡电路。

三点式 LC 振荡电路分电感三点式和电容三点式两种。它们的共同点是：在交流通路中，LC 谐振回路的三个引出端分别与三极管的三个极相连，其与发射极相连的为两个相同性质电抗，与基极相连的为两个相反性质电抗。这一接法俗称**"射同基反"**，凡是按这一法则连接的三点式振荡器，必定满足相位平衡条件，否则不可能起振。

（1）电感三点式振荡电路

如图 5—31a 和图 5—31b 所示是电感三点式振荡电路的原理图和交流通路。由图可见，接法符合"射同基反"法则。

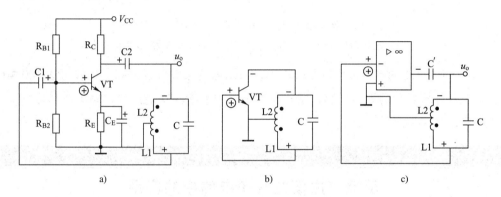

● 图 5—31　电感三点式振荡电路

a）分立元件组成的电路　b）交流通路　c）集成运放组成的电路

LC 谐振回路接在三极管的基极和集电极之间，谐振时 LC 回路呈纯阻性。设基极瞬时极性为"＋"，则集电极瞬时极性为"－"，反馈信号瞬时极性为"＋"，形成正反馈，满足相位平衡条件。改变线圈抽头位置，可调节正反馈量的大小，从而可调节输出幅度。该电路振荡频率为

$$f_0 = \frac{1}{2\pi \sqrt{(L_1 + L_2 + 2M)\,C}} \tag{5—18}$$

式中，M 为 L1 和 L2 之间的互感。由于 L1 和 L2 之间耦合很紧，故电路容易起振，输出幅度较大。谐振电容通常采用可变电容，以便于调节振荡频率，工作频率可达几十兆赫兹。但因反馈电压取自电感，输出信号中含有较多的高次谐波，波形较差，常用于对波形要求不高的振荡器中。

（2）电容三点式振荡电路

图 5—32 所示是电容三点式振荡电路的原理图和交流通路。其电路工作原理分析与

电感三点式振荡电路相似，振荡频率为

$$f_0 = \frac{1}{2\pi \sqrt{L \dfrac{C_1 C_2}{C_1 + C_2}}}$$ (5—19)

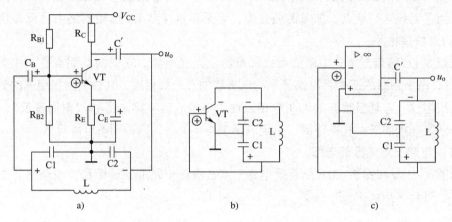

● 图 5—32 电容三点式振荡电路

a）分立元件组成的电路 b）交流通路 c）集成运放组成的电路

由于 C1 和 C2 的电容量可以取得较小，所以振荡频率可以很高。一般可达 100 MHz 以上。又由于反馈信号取自电容，所以反馈信号中所含高次谐波少，输出波形较好。其缺点是调节频率不便。

链接

反馈与振荡在汽车电路中的应用

1. 开环控制与闭环控制

（1）开环控制系统

如果控制系统的输出量对系统没有控制作用，即系统无反馈，这个系统称为开环控制系统，如图 5—33 所示。例如，用按键开关控制汽车电喇叭便是一种开环控制方式。

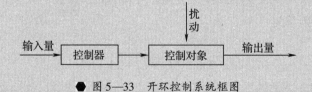

● 图 5—33 开环控制系统框图

（2）闭环控制系统

闭环控制系统是把输出量检测出来，经过物理量的转换，再反馈到输入端去与输入量进行比较，并利用比较后的偏差信号，经过控制器（调节器）对控制对象进行控制，以抑制内部或外部扰动对输出量的影响，减小输出量的误差，如图 5—34 所示。

例如，汽车空调系统（见图5—35）便是采用的闭环控制方式。

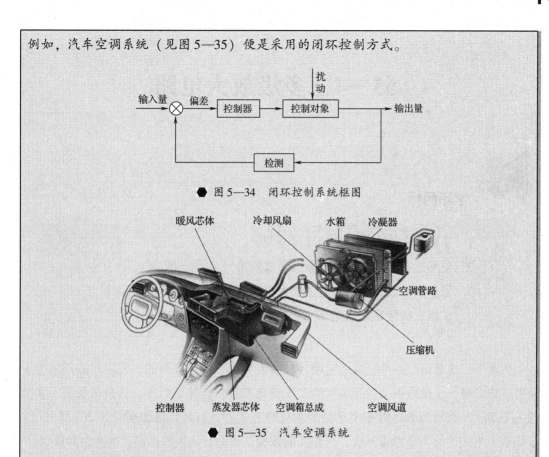

● 图 5—34 闭环控制系统框图

● 图 5—35 汽车空调系统

2. 点火电路的振荡波形

使用汽车专用示波器可以查看汽油机点火电路的点火波形，并根据点火波形判断点火电路的故障。例如，从图5—36显示的点火波形，可以明显地看出其中有两处振荡波（图中 *GH* 段和 *JK* 段）与标准的点火波形不同，说明点火电路存在故障。

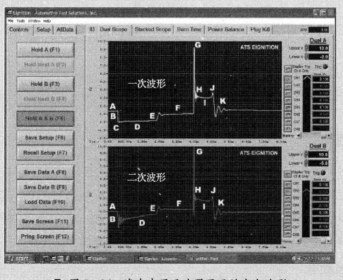

● 图 5—36 汽车专用示波器显示的点火波形

§5—4　多级放大电路

学习目标

1. 了解多级放大电路的级间耦合方式。
2. 熟悉光电耦合器的工作原理及其应用。
3. 了解多级放大电路的电压放大倍数、输入和输出电阻的计算方法。
4. 了解三极管在汽车电路中的应用。

由单个三极管组成的单级放大电路，其放大能力毕竟是有限的，而实际应用的电子设备往往要将一个微弱的电信号放大到几千倍或几万倍，甚至更多，这就需要采用多级放大电路。多级放大电路由多个单级放大电路连接而成，其组成框图如图 5—37 所示。多级放大电路的第一级为输入级，也称为**前置级**；最后一级为输出级，也称为**功放级**。

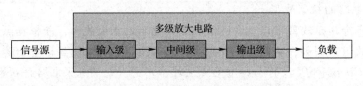

● 图 5—37　多级放大电路的组成框图

一、级间耦合方式

多级放大电路中各单级放大电路之间的连接称为**耦合**。实际应用中，应根据不同电路的要求，选择合适的级间耦合方式。

1. 阻容耦合

图 5—38 所示为两级阻容耦合放大电路。第一级的输出信号通过 R_{C1} 和 C2 加到第二级的输入电阻上，即信号是通过电阻和电容传递的，故称为阻容耦合。由于耦合电容的隔直作用，前后级放大电路的静态工作点互不影响。显然，也由于电容的隔直作用，它不适宜传输缓慢变化的直流信号，更不能传输恒定的直流信号。

2. 变压器耦合

图 5—39 所示为变压器耦合的两级放大电路。耦合变压器的作用是隔断前后级的直

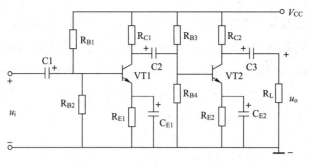

● 图 5—38　两级阻容耦合放大电路

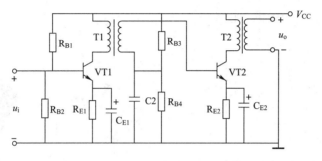

● 图 5—39　变压器耦合的两级放大电路

流联系，同时把前级输出的交流信号通过电磁感应传送到后级。此外，在某些放大电路中，还利用耦合变压器在传递信号的同时实现阻抗变换。但它的低频特性较差，不能传输直流信号，而且体积较大，主要应用于调谐放大器或由分立元件组成的功率放大器中。

3．直接耦合

所谓直接耦合，就是把前一级放大电路的输出端直接连接到后一级放大电路的输入端，如图 5—40 所示。前后级之间没有隔直流的耦合电容或变压器，信号直接传递，因此，它可以放大变化缓慢的信号。但前后级静态工作点相互影响，这给电路的设计、调试带来一定困难。直接耦合便于电路集成化，故在集成电路中得到了广泛应用。

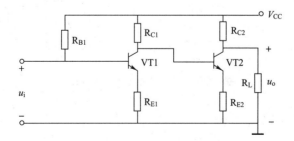

● 图 5—40　直接耦合放大电路

4．光电耦合

图 5—41a 所示为光电耦合多级放大电路。它是以光电耦合器为媒介来实现信号的耦合和传输的。光电耦合器简称光耦，其外形如图 5—41b 所示。光耦的基本结构是将光

发射器（红外发光二极管）和光敏器（光敏三极管）的芯片封装在同一外壳内。当输入端加电信号时，光发射器发出光信号，光敏器接收后又转换成电信号输出，从而实现了电→光→电信号的转换和传输，并在电气上完全隔离。光电耦合既可传输交流信号又可传输直流信号，而且抗干扰能力强，易于实现集成化，广泛应用于隔离电路、开关电路、逻辑电路、线性放大电路、控制电路中。

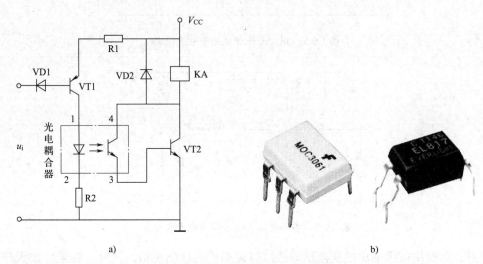

● 图 5—41　光电耦合多级放大电路和光电耦合器

a）光电耦合多级放大电路　b）光电耦合器

二、电压放大倍数和输入、输出电阻

1. 电压放大倍数

下面以三级放大电路为例，用图 5—42 所示框图来说明总的电压放大倍数与多级电压放大倍数的关系。

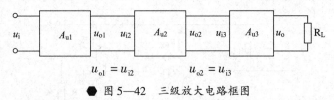

● 图 5—42　三级放大电路框图

第一级电压放大倍数 $A_{u1} = \dfrac{u_{o1}}{u_i}$

第二级电压放大倍数 $A_{u2} = \dfrac{u_{o2}}{u_{o1}}$

第三级电压放大倍数 $A_{u3} = \dfrac{u_o}{u_{o2}}$

多级放大电路总的电压放大倍数

$$A_\mathrm{u} = \frac{u_\mathrm{o}}{u_\mathrm{i}} = \frac{u_\mathrm{o}}{u_\mathrm{o2}}\frac{u_\mathrm{o2}}{u_\mathrm{o1}}\frac{u_\mathrm{o1}}{u_\mathrm{i}} = A_\mathrm{u1}A_\mathrm{u2}A_\mathrm{u3} \qquad (5\text{—}20)$$

即多级放大电路总的电压放大倍数等于各单级放大电路电压放大倍数的乘积。但必须注意，**计算各单级放大电路的电压放大倍数时，应考虑后一级放大电路对前一级放大电路的负载效应。**

2. 输入电阻和输出电阻

由图 5—42 可以看出，多级放大电路的输入电阻就是第一级（输入级）放大电路的输入电阻，多级放大电路的输出电阻就是最后一级（输出级）放大电路的输出电阻。

链接

三极管在汽车电路中的应用

1. 在风窗玻璃洗涤液液位报警器中的应用

汽车风窗玻璃洗涤液液位报警器电路如图 5—43 所示。电路主要由复合管 VT，基极电阻 R1、R3，集电极电阻 R2，报警指示灯 HL，钳位二极管 VD1、VD2，探针等组成。

其工作原理是：当储水器内洗涤液的液位高于两根探针底端时，相当于在两根探针之间接上了一只电阻 R′，这样电源电压经 R1、R′ 加到复合管 VT 的基极上，VT 导通，集电极电位下降，报警指示灯因失电而不能发光，表示洗涤液液位正常。如果洗涤液液位低于两个探针的下限，则 VT 基极得不到电源电压。同时，又因 R3 接地而处于零电位，VT 截止，集电极电位升高，报警指示灯得电发光。

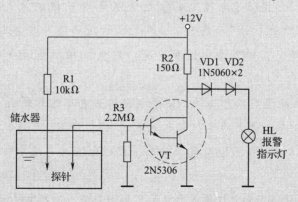

● 图 5—43 风窗玻璃洗涤液液位报警器电路

2. 在汽车电压调节器中的应用

在汽车正常运行时，用电设备所需电能几乎全部由发电机提供。电压调节器是控制汽车发电机输出电压的装置，其功能是在发电机输出电压达到一定值后，为防止过高的电压烧坏车上的用电设备或导致蓄电池过量充电等，可减小甚至切断发电机励磁绕组的供电电流，降低发电机的输出电压，起到稳定电压的作用。

图5—44所示是一个电子式汽车发电机的电压调节器电路，电路中用两个三极管代替了传统的有触点开关。

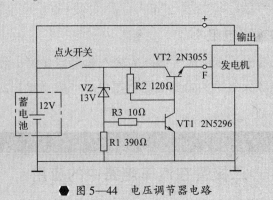

图5—44　电压调节器电路

其工作原理如下：

点火开关接通后，发动机开始工作。当发电机输出的电压小于13 V时，稳压管VZ截止，R1中无电流通过，其上端电位与下端相等，都为0 V。三极管VT1因无基极电流而截止。VT1集电极处于高电位，使VT2饱和导通，发电机输出的直流电压全部加在发电机励磁绕组上，使发电机有最高的直流电压输出。与此同时，发电机也向蓄电池进行定电压充电。

发动机转速越高，发电机输出的直流电压也越高，当发电机输出电压达到13.6 V时，稳压管VZ击穿导通，输出电压经点火开关、R3加到VT1的基极，导致VT1导通。VT1的导通为R2提供了电流通路，电流从电源正极经点火开关、R2、VT1（集电极、发射极）到"地"，在R2上产生的电压降使VT2基极（与VT1集电极同电位）电位降低，VT2退出饱和导通，发电机励磁电流减小，输出电压下降。

如果因发动机转速突然升高等，使发电机输出电压达到或高于14 V时，VT1将进入饱和导通状态，很大的集电极电流流过R2，在R2上形成很大的压降，将使VT2的基极电位接近0而进入截止状态，励磁电流的通路中断，发电机暂时停止发电。

上述三种状态随着发动机转速等因素的改变而变换，使发电机的输出电压限制在13～13.6 V的范围之内，达到自动调压目的。

3. 在光电式车速传感器中的应用

图5—45a所示是汽车光电式车速传感器外形，图5—45b所示是车速传感器光电转换电路。

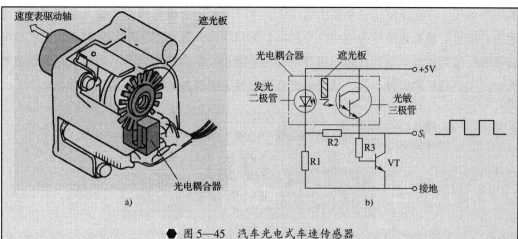

● 图 5—45 汽车光电式车速传感器

a) 光电式车速传感器外形 b) 车速传感器光电转换电路

  汽车光电式车速传感器主要由光电耦合器、遮光板和速度表驱动轴等组成，遮光板随速度表驱动轴转动。当遮光板转到发光二极管与光敏三极管之间时，光敏三极管截止，三极管 VT 也截止，其集电极输出高电平。其余时间里，因光敏三极管受到发光二极管的照射而导通，导致三极管 VT 的基极电位升高而处于饱和导通状态，其集电极输出低电平。可见随着遮光板的转动，三极管 VT 在饱和导通与截止之间交替变化，从而在 S_i 端形成幅值约为 5 V 的与转速有关的矩形脉冲信号。

§5—5 集成运算放大器

学习目标

1. 了解集成运算放大器的电压传输特性。
2. 掌握理想集成运算放大器工作于线性和非线性状态时的特点。
3. 了解集成运算放大器的典型应用电路。
4. 了解集成运算放大器在汽车电路中的应用。

一、集成运算放大器的基本结构、外形及符号

  集成运算放大器简称"集成运放"，是一种高增益的多级直流放大电路。其内部结

构框图如图 5—46 所示，它主要由输入级、中间级和输出级等组成。输入级要求输入电阻高，而且要能有效地放大有用信号和抑制无用信号，因此都采用差分放大电路；中间级要有足够大的放大倍数；输出级要求输出电阻小，带负载能力强；偏置电路为各级放大电路提供稳定的偏置电流，从而确定合适而稳定的静态工作点。

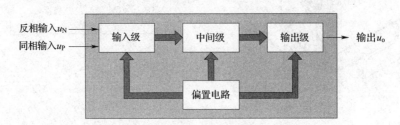

● 图 5—46　集成运放内部结构框图

集成运放有金属圆壳式封装、双列直插式封装、单列直插式封装、贴片式封装等形式，如图 5—47 所示。

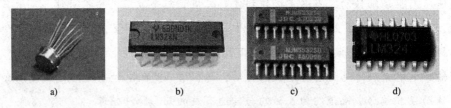

● 图 5—47　集成运放的常见封装形式

a）金属圆壳式封装　b）双列直插式封装　c）单列直插式封装　d）贴片式封装

集成运放的图形符号如图 5—48 所示。图中的"▷"表示放大器，其所指方向表示信号传输方向，"∞"表示其电压放大倍数极高。它有两个信号输入端，"−"或"N"端为反相输入端，如果从该端输入信号，则输出信号和输入信号相位相反；"+"或"P"端为同相输入端，如果从该端输入信号，则输出信号和输入信号相位相同。

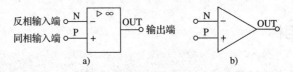

● 图 5—48　集成运放的图形符号

a）新国标符号　b）旧国标符号

实际的集成运放，除了图 5—48 所示的两个输入端和一个输出端外，通常还有正负电源端、公共端、调零端、相位补偿端和外接偏置电阻端等。

二、集成运放的电压传输特性

集成运放的电压传输特性曲线如图 5—49 所示，根据输出特性的不同，可分为线性工作区和非线性工作区两个区。

1. 线性工作区

在净输入电压（两输入电压差值 $u_P - u_N$）很小时，集成运放工作在线性区（图中倾斜线部分），这时输出电压 u_o 随净输入电压的变化以 $10^6 \sim 10^8$ 倍数线性地变化，$u_o = A_{ud} \cdot (u_P - u_N)$。

2. 非线性工作区

在净输入电压超过一定值时，集成运放进入非线性区（图中水平直线部分），这时的输出电压 u_o 只有两种情况：

当 $u_P > u_N$ 时，$u_o = +U_{om}$；

当 $u_N > u_P$ 时，$u_o = -U_{om}$。

可见要使集成运放工作在线性区，必须使净输入电压很小。

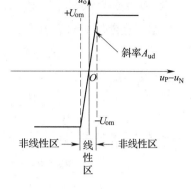

◆ 图 5—49　集成运放的电压
传输特性曲线

3. 理想集成运放工作在线性区的特点

理想集成运放的输入电阻和电压放大倍数都为无穷大，因此，当它工作在线性区时，具有如下特点：

（1）虚断

由于理想集成运放的输入电阻 $r_i = \infty$，犹如两输入端与集成电路内部断开了一般，此特性称为"虚断"。

（2）虚短

当集成运放工作在线性区时，$u_o = A_{ud} \cdot (u_P - u_N)$。因 u_o 为有限值，而 $A_{ud} = \infty$，故应有 $u_P - u_N \approx 0$，即 $u_P \approx u_N$，可见两输入端电位基本相同。这种情况犹如两个输入端短接在一起一般，此特性称为"虚短"。

（3）虚地

理想集成运放工作在线性区时，由于 $u_P \approx u_N$，如果有一输入端接"地"，则另一输入端也接近"地"电位，这种特性称为"虚地"。

必须指出，理想集成运放工作在非线性区时，因 $u_o \neq A_{ud} \cdot (u_P - u_N)$，故无"虚短"和"虚地"特性，但作为理想集成运放，"虚断"始终存在。

三、集成运放的线性应用

1. 反相放大器

反相放大器又称为反相输入比例运算器。

在图 5—50 中，平衡电阻（$R' = R_1 /\!/ R_f$）的接入是为了使集成运放的输入级尽可能工作在对称状态。

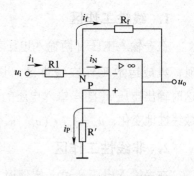

流经 N 点的电流有 i_1、i_N 和 i_f，由图可见，$i_1 = i_N + i_f$。

根据 "虚断" 特性，有

$$i_N \approx 0$$

故有 $i_1 \approx i_f$，即

$$\frac{u_i - u_N}{R_1} \approx \frac{u_N - u_o}{R_f}$$

根据 "虚断" 和 "虚短" 特性，有

$$u_N \approx u_P \approx 0$$

● 图 5—50　反相放大器基本电路

故上式变为 $\dfrac{u_i}{R_1} \approx \dfrac{-u_o}{R_f}$，即

$$u_o \approx -\frac{R_f}{R_1} u_i \quad \left(\text{或 } A_{uf} = \frac{u_o}{u_i} \approx -\frac{R_f}{R_1}\right)$$

若使 $R_1 = R_f$，则 $u_o \approx -u_i$（或 $A_{uf} \approx -1$），电路成为反相放大器的一个特例——反相器。

2. 同相放大器

同相放大器又称为同相输入比例运算器，如图 5—51 所示。

由图 5—51 可得，$i_f = i_1 + i_N$。

根据 "虚断" 特性，有

$$i_N \approx 0$$

故有 $i_f \approx i_1$，即

$$\frac{u_o - u_N}{R_f} \approx \frac{u_N}{R_1}$$

根据 "虚断" 和 "虚短" 特性，有

$$u_N \approx u_P \approx u_i$$

所以上式可以改写为 $\dfrac{u_o - u_i}{R_f} \approx \dfrac{u_i}{R_1}$，可得

$$u_o \approx \left(1 + \frac{R_f}{R_1}\right) u_i \quad \left(\text{或 } A_{uf} = \frac{u_o}{u_i} \approx 1 + \frac{R_f}{R_1}\right)$$

若使 $R_1 = \infty$ 或 $R_f = 0$，则 $u_o = u_i$（或 $A_{uf} = 1$），电路成为同相放大器的一个特例——电压跟随器，如图 5—52 所示。

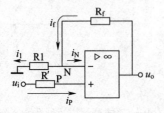

● 图 5—51　同相放大器基本电路

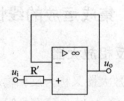

● 图 5—52　电压跟随器

3. 加法运算器

加法运算器的基本电路如图 5—53 所示，图中 $R' = R_1 /\!/ R_2 /\!/ R_3 /\!/ R_f$。

根据集成运放的"虚断"特性，有 $i_f \approx i_1 + i_2 + i_3$。

根据集成运放的"虚断"和"虚短"特性，有 $u_N \approx u_P \approx 0$，故

$$\frac{u_N - u_o}{R_f} \approx -\frac{u_o}{R_f} \approx \frac{u_{i1}}{R_1} + \frac{u_{i2}}{R_2} + \frac{u_{i3}}{R_3}$$

当 $R_1 = R_2 = R_3 = R$ 时，上式可改写为

$$u_o \approx -\frac{R_f}{R}\left(u_{i1} + u_{i2} + u_{i3}\right)$$

若还有 $R_1 = R_2 = R_3 = R_f = R$，则

$$u_o \approx -\left(u_{i1} + u_{i2} + u_{i3}\right)$$

可见，电路的输出电压为各输入电压之和，实现了加法运算。式中的负号表示输出电压与输入电压相位相反。

4. 减法运算器

减法运算器的基本电路如图 5—54 所示。

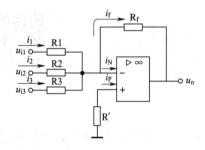

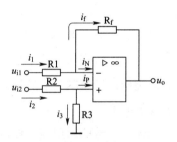

◆ 图 5—53　加法运算器基本电路　　　◆ 图 5—54　减法运算器基本电路

对于线性网络来说，最终的结果是各个信号单独作用之和。可以先求出输入信号 u_{i1} 单独作用时的输出电压，再求出输入信号 u_{i2} 单独作用时的输出电压，最终两者相加便是两个输入信号同时作用的结果。

u_{i1} 单独作用时，电路相当于一个反相放大器，故 $u_{o1} \approx -\dfrac{R_f}{R_1}u_{i1}$。

u_{i2} 单独作用时，电路相当于一个同相放大器，这时输入 P 端的电压，因同相输入端虚断，可视为 u_{i2} 在 R3 上的分压值 $u'_{i2} \approx \dfrac{R_3}{R_2 + R_3}u_{i2}$。

故 $u_{o2} \approx \left(1 + \dfrac{R_f}{R_1}\right)\left(\dfrac{R_3}{R_2 + R_3}\right)u_{i2}$，所以，$u_o = u_{o1} + u_{o2} \approx \left(1 + \dfrac{R_f}{R_1}\right)\left(\dfrac{R_3}{R_2 + R_3}\right)u_{i2} - \dfrac{R_f}{R_1}u_{i1}$。

若使 $R_1 = R_2 = R_3 = R_f$，则上式可化简为

$$u_o \approx u_{i2} - u_{i1}$$

可见，输出电压是两输入电压之差，实现了减法运算功能。

四、集成运放的非线性应用

1. 单门限电压比较器

在图5—55中，U_R 为事先设定的参考电压，它是单门限电压比较器的**门限电压**，u_i 是比较电压。

根据集成运放的电压传输特性可得：

当 $u_i > U_R$ 时，相当于 $u_N > u_P$，这时 $u_o = -U_{om}$；

当 $u_i < U_R$ 时，相当于 $u_N < u_P$，这时 $u_o = +U_{om}$。

单门限电压比较器的输出电压波形如图5—56所示。

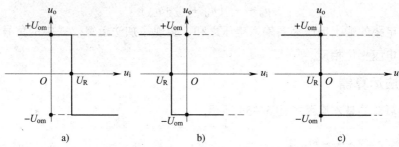

图 5—55 单门限电压比较器基本电路

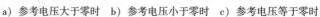

● **图 5—56** 单门限电压比较器的输出电压波形

a）参考电压大于零时　b）参考电压小于零时　c）参考电压等于零时

单门限电压比较器的典型应用如下。

（1）波形整理

当一个矩形信号的波形在传输过程中发生畸变时，可选用单门限电压比较器进行整形，如图5—57所示。

（2）波形变换

单门限电压比较器波形变换电路的典型电路组成如图5—58a所示，该电路可以将正弦波电信号变换为矩形波，如图5—58b所示。

2. 双门限电压比较器

双门限电压比较器的基本电路如图5—59a所示。该电路的门限电压 U_P 并不固定，而是在两个值之间交替变换，这种比较器又称迟滞比较器或施密特触发器。

上限电压 $U_{P1} = \dfrac{R_f}{R_f + R_1} U_R + \dfrac{R_1}{R_f + R_1} U_{om}$；

下限电压 $U_{P2} = \dfrac{R_f}{R_f + R_1} U_R - \dfrac{R_1}{R_f + R_1} U_{om}$。

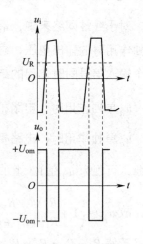

● **图 5—57** 单门限电压比较器的整形作用

电压传输特性如图 5—59b 所示。

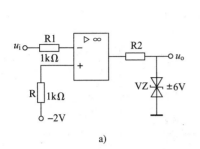
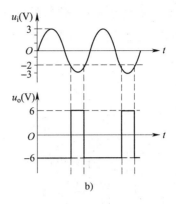

● 图 5—58　单门限电压比较器波形变换电路

a) 电路组成　b) 波形图

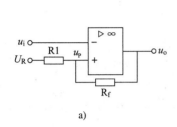
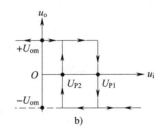

● 图 5—59　双门限电压比较器

a) 基本电路组成　b) 电压传输特性

当 $u_i < U_{P2}$ 时，$u_o = + U_{om}$；

当 $u_i > U_{P1}$ 时，$u_o = - U_{om}$。

输出为高电平时，以上限电压 U_{P1} 为参考电压；输出为低电平时，以下限电压 U_{P2} 为参考电压。

输入电压增大时，u_o 仅在上限电压 U_{P1} 时才会发生负跳变，如果 u_o 已为负值，则输出电压不变；输入电压减小时，u_o 仅在下限电压 U_{P2} 时才发生正跳变，如果 u_o 已为正值，则输出电压不变。

$$\Delta U_P = U_{P1} - U_{P2} = \frac{2R_1}{R_f + R_1} U_{om}$$

ΔU_P 称为**回差电压**。由上式可见，回差电压与参考电压无关。

利用双门限电压比较器作为脉冲整形电路可以极大地提高电路的抗干扰能力，如图 5—60 所示。

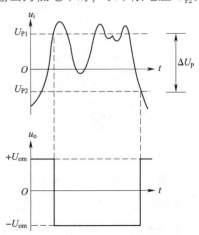

● 图 5—60　双门限电压比较器

用于脉冲整形

3. 方波发生器

图5—61a 所示电路是一个特殊的双门限电压比较器，电路中原输入电压端增加了一个 RC 充放电电路，使输入电压自给，原输入电压被电容 C 两端电压 u_C 替代。

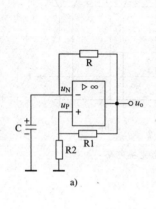

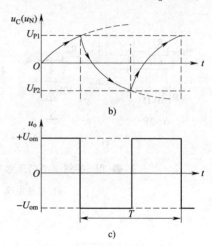

❦ 图5—61　方波发生器

a）电路组成　b）电容器充放电波形　c）输出电压波形

初通电时，$u_C(t) = u_N = 0$，且 $u_o = +U_{om}$，门限电压为 $U_{P1} = \dfrac{R_2}{R_1 + R_2} U_{om}$。此时，$u_N < U_{P1}$，确保了输出电压 $u_o = +U_{om}$。u_o 经电阻 R 对电容 C 充电，使 u_C 由零逐渐上升，充电过程如图5—62 所示，其波形如图5—61b 所示。

当 $u_C(t) > U_{P1}$ 时，输出电压由 U_{om} 转变为 $-U_{om}$，其波形如图5—61c 所示，门限电压也随之变为 $U_{P2} = -\dfrac{R_2}{R_1 + R_2} U_{om}$。电容器 C 经 R 放电，$u_C(t)$ 逐渐下降，放电过程如图5—63 所示，其波形如图5—61b 所示。

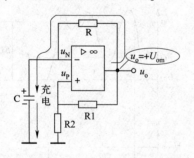

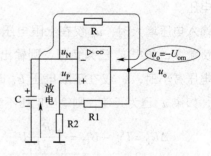

❦ 图5—62　电容器充电过程　　　　　❦ 图5—63　电容器放电过程

在电容器 C 两极电荷放完后，由输出电压 $-U_{om}$ 向电容器反向充电，u_N 进一步下降，如图5—64 所示，其波形如图5—61b 所示。

当 $u_C(t) < U_{P2}$ 时，输出状态再次发生翻转，输出电压又由 $-U_{om}$ 跳回 U_{om}。电容器 C 首先反向放电，待放完电，U_{om} 再开始向 C 充电，如图5—65 所示，其波形如图5—61b 所示。

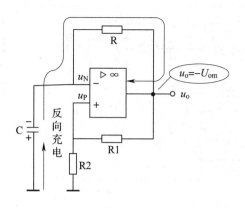

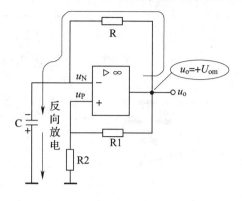

● 图5—64 电容器反向充电过程 ● 图5—65 电容器反向放电过程

如此周而复始，连续不断，在输出端产生方波（矩形波）电压。其振荡周期为

$$T = 2RC\ln\left(1 + \frac{2R_2}{R_1}\right)$$

链接

集成运放在汽车电路中的应用

集成运放在汽车电路中有很多应用，许多传感器的检测信号总是先由集成运放处理或转换后再送到相应的ECU中，这里介绍几个常见的实例。

1. 进气压力信号放大器

在电喷发动机中，进气压力传感器（见图5—66）其实是压敏电阻电桥和集成运放的一个组合体，其内部结构如图5—67所示。

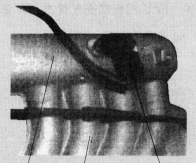

进气管膨胀箱 进气歧管 进气压力传感器

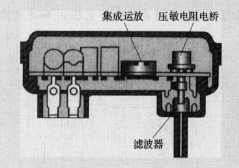

集成运放 压敏电阻电桥

滤波器

● 图5—66 进气压力传感器及其安装位置 ● 图5—67 进气压力传感器的内部结构

该传感器有一个通气口与进气管相通，进气通过这里将压力信号加到由四个压敏电阻构成的硅膜片电桥上。四个压敏电阻受压力变形后电阻值有着不同的改变，电桥输出相应的信号。压力越大，输出信号越强。该信号经集成运放放大后传送给ECU，如图5—68所示。

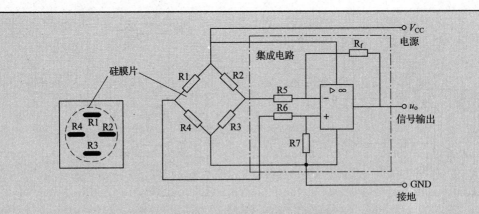

● 图5—68　进气压力传感器的电路组成

2. 混合气浓度信号变换器

氧传感器在电喷发动机闭环控制系统中，承担着向 ECU 传递发动机是否工作在理论空燃比附近的任务。当混合气较浓时，排气中的氧气消耗殆尽，氧传感器的输出电压接近为零；当混合气较稀时，排气中就会有一部分多余的氧气，这时氧传感器可产生 1 V 左右的信号电压。发动机 ECU 根据氧传感器输出的信号电压大小对喷油量进行修正。设计上认定，氧传感器输出电压大于 0.5 V 时，混合气过浓，否则，混合气过稀。而对于 ECU 来说，它得到混合气是过浓还是过稀的信号只有高、低两个不同的电平。这个电平是利用运算放大器做成的单门限电压比较器来转换的，电路组成如图 5—69a 所示。

电路工作原理：电压比较器的基准电压设定为 0.45 V，当氧传感器信号电压大于基准电压时，比较器输出 $u_o \approx 0$ V，ECU 判断混合气过稀，需要增加喷油量；当氧传感器信号电压小于基准电压时，比较器输出 $u_o \approx 5$ V，ECU 判断混合气过浓，需要减少喷油量。氧传感器信号电压 u_i 和比较器输出电压 u_o 波形如图 5—69b 所示。

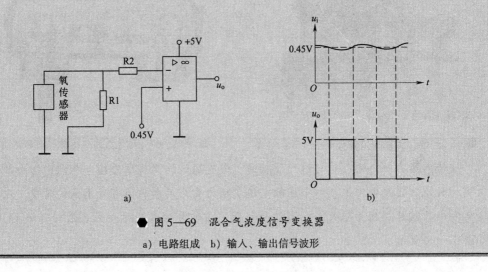

● 图5—69　混合气浓度信号变换器

a）电路组成　b）输入、输出信号波形

3. 轮速信号的放大和波形变换器

在汽车防抱死制动系统（简称 ABS）中，送入 ECU 的车轮速度信号来自轮速传感器。ECU 对这个信号有两个要求：一是信号幅度足够大；二是方波信号。而轮速传感器提供的轮速信号却是波形类似于正弦波的微弱信号，如常见的霍尔轮速传感器只能提供毫伏级的正弦波电压信号。因此，必须对原始的轮速信号进行放大和波形变换。

图 5—70 所示霍尔轮速传感器电路是一个轮速信号放大和波形变换电路，它由轮速信号发生电路、线性放大电路、双门限电压比较电路和输出级四部分组成。各部分的功能如下：

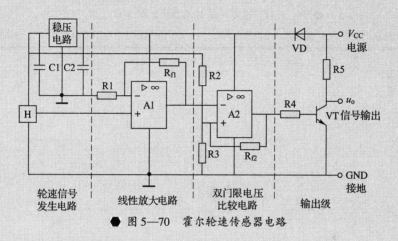

◆ 图 5—70 霍尔轮速传感器电路

（1）轮速信号发生电路

霍尔元件 H 的作用是提供原始轮速信号，其输出波形如图 5—71a 所示。

（2）线性放大电路

线性放大电路由集成运放 A1、电阻 R1 和电阻 R_{f1} 组成，其作用是对原始轮速信号进行电压放大，使其达到足够的幅值。线性放大电路的输出波形如图 5—71b 所示。

（3）双门限电压比较电路

双门限电压比较电路由集成运放 A2、电阻 R2、电阻 R3 和电阻 R_{f2} 组成，其作用是将正弦波轮速信号变换为方波信号。双门限电压比较器的输出波形如图 5—71c 所示。

（4）输出级

输出级由三极管 VT、电阻 R4 和电阻 R5 组成，三极管工作在开关状态，输出幅值达 11.5~12 V。其作用是减轻负载对双门限电压比较器的影响，并提高输出能力。输出级波形如图 5—71d 所示。

电路中二极管 VD 的作用：如果电源正、负接反，错误的电压不会通过它加到集成运放等器件上，起到对电路的保护作用。电容 C1、C2 则为稳压电路的滤波电容。

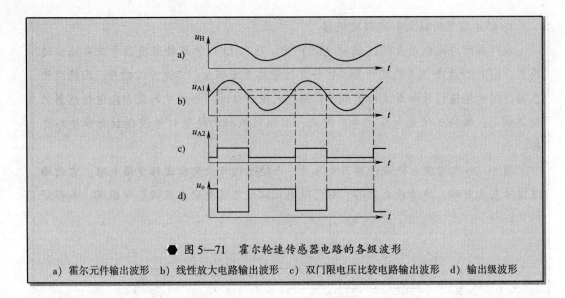

◆ 图 5—71　霍尔轮速传感器电路的各级波形

a) 霍尔元件输出波形　b) 线性放大电路输出波形　c) 双门限电压比较电路输出波形　d) 输出级波形

第六章
———— 数字电路

§6—1 数字电路的基本概念

学习目标

1. 了解数字信号的特点和脉冲波的主要参数。
2. 掌握二进制数、十进制数、十六进制数的表示方法及相互转换。
3. 熟悉 BCD 码的表示形式。
4. 了解数字信号在汽车电路中的应用。

数字电路广泛应用于数字通信、计算机、数字仪表、汽车、工业自动化工程中。数字电路具有很高的可靠性和标准性，特别是具有各种功能的数字集成电路的出现，为汽车电子技术的发展提供了广阔的前景。

一、数字信号

电子技术在汽车上的应用主要是通过各种传感器收集行车数据，并以电信号的形式传递给相应的电控单元 ECU，ECU 经过对数据的综合分析、判断，再向执行机构发出相应的控制信号，从而精确控制各部分工作于最佳状态。

1. 模拟信号和数字信号

各种不同的电信号可以分为两类，一类称为模拟信号，另一类称为数字信号。

模拟信号是指模拟自然界物理量的一类**连续变化的信号**，如发动机温度传感器输出的电信号便是随发动机温度连续变化的模拟信号，如图 6—1a 所示。处理模拟信号的电路称为**模拟电路。**

数字信号是指在时间上和数值上都是**离散的信号**，如光电式曲轴位置传感器输出的信号是遮光盘上的透光孔间断通过发光体和受光体之间，在光敏元件上产生的高低两种电平信号，这样的信号便属于数字信号，如图6—1b 所示。

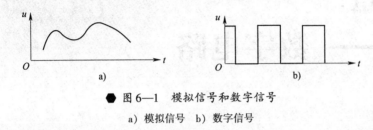

● 图6—1 模拟信号和数字信号

a）模拟信号 b）数字信号

模拟信号的强弱大小与被检测参数的大小具有一一对应的关系，在信号的传输和处理等过程中，即使只有微小的失真，也可能产生错误的信息。但数字信号则没有强弱之分，它只有高电平和低电平两种状态，**通常规定高电平为1，低电平为0**。数字电路中的高电平和低电平有一定的允许范围，如图6—2 所示，所以对电路元件的精度要求不高，工作可靠，抗干扰能力强。

当高电平、低电平分别用"1"和"0"表示，并规定每一个"1"和"0"有相同的时间间隔时，那么一串脉冲就变成了一串由"1"和"0"组成的数码，如图6—3 所示。

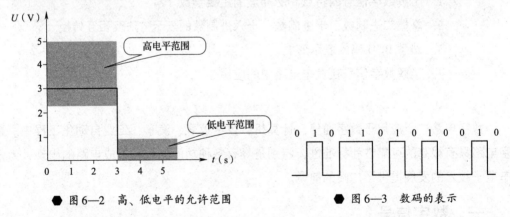

● 图6—2 高、低电平的允许范围

● 图6—3 数码的表示

实际上，数字信号中的1和0不仅用于表示数字，生产生活中的许多信息，如信号灯亮还是不亮，开关闭合还是断开，对某一建议同意还是反对等，也都可以用1和0来表示。

处理数字信号的电路称为数字电路。

2. 脉冲波

由于数字信号的波形具有**突变**和**间断**的特点，所以这种波形称为脉冲波，也正因为如此，人们又把数字电路称为**脉冲数字电路**。

常见的脉冲波形有矩形波、三角波、锯齿波、梯形波、钟形波和尖脉冲波等，如图6—4所示。

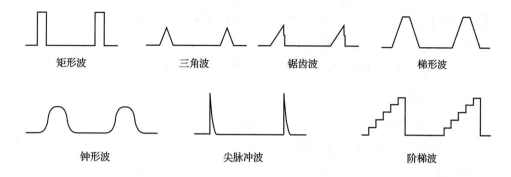

矩形波　　　　　　三角波　　　　　　锯齿波　　　　　　梯形波

钟形波　　　　　　　　尖脉冲波　　　　　　　　阶梯波

● 图6—4　常见的脉冲波

典型的数字信号波形是具有一定幅度的矩形。矩形波主要可用**脉冲幅度**U_m、**脉冲重复周期**T和**脉冲宽度**t_w三个参数进行描述，如图6—5所示。图中，t_r为上升时间，t_f为下降时间。矩形波的占空比$q = \dfrac{t_w}{T}$。

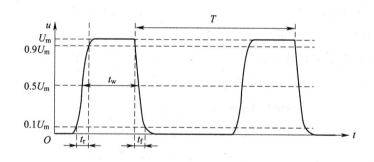

● 图6—5　矩形波的参数

通常总是将一个实际的矩形波视为理想的矩形，只有在某些情况下才考虑脉冲边沿不陡峭造成的影响。

二、常用数制

数制是指计数的方法。

十进制数是人们所习惯使用的计数方法，但数字电路只能"识别"二进制数，计算机程序则一般用十六进制数表示。

十进制数、二进制数、十六进制数之间的关系以及相互转换和运算方法，是学习数字电路必备的基础知识。

1. 十进制数

十进制数的基数是10，由0、1、2、3、4、5、6、7、8、9共十个数码构成。

十进制数的进位规则是"**逢十进一**"。

十进制数可用尾缀 D 作为标志符，也可以省略不写。

【例 6—1】 $1\,234.56 = 1 \times 10^3 + 2 \times 10^2 + 3 \times 10^1 + 4 \times 10^0 + 5 \times 10^{-1} + 6 \times 10^{-2}$

$$= 1\,000 + 200 + 30 + 4 + 0.5 + 0.06$$

上式中，10^3、10^2、10^1、10^0、10^{-1}、10^{-2}称为十进制数各位的"**权**"。

2．二进制数

二进制数的基数是 2，只有 0 和 1 两个数码。

二进制数的进位规则是"**逢二进一**"。

二进制数每左移一位，数值增大一倍；右移一位，数值减小一半。

二进制数用尾缀 B 作为标志符。

【例 6—2】 $111.11B = 1 \times 2^2 + 1 \times 2^1 + 1 \times 2^0 + 1 \times 2^{-1} + 1 \times 2^{-2}$

$$= 7.75$$

上式中，2^2、2^1、2^0、2^{-1}、2^{-2}称为二进制数各位的"**权**"。

3．十六进制数

十六进制数的基数是 16，由 0、1、…、9、A、B、C、D、E、F 共十六个字符构成。

十六进制数的进位规则是"**逢十六进一**"。

十六进制数用尾缀 H 表示。

【例 6—3】 $A3.4H = 10 \times 16^1 + 3 \times 16^0 + 4 \times 16^{-1}$

$$= 160 + 3 + 0.25$$

$$= 163.25$$

上式中，16^1、16^0、16^{-1}称为十六进制数各位的"**权**"。

三、常用数制之间的转换

常用数制之间的关系见表 6—1。

表 6—1 常用数制之间的关系

十进制数码	十六进制数码	二进制数码	十进制数码	十六进制数码	二进制数码
0	0H	0000B	7	7H	0111B
1	1H	0001B	8	8H	1000B
2	2H	0010B	9	9H	1001B
3	3H	0011B	10	AH	1010B
4	4H	0100B	11	BH	1011B
5	5H	0101B	12	CH	1100B
6	6H	0110B	13	DH	1101B

续表

十进制数码	十六进制数码	二进制数码	十进制数码	十六进制数码	二进制数码
14	EH	1110B	18	12H	00010010B
15	FH	1111B	19	13H	00010011B
16	10H	00010000B	20	14H	00010100B
17	11H	00010001B	21	15H	00010101B

1. 二进制数转换成十六进制数

将一个二进制数转换成一个十六进制数，除了要运用表6—1中二进制数与十六进制数的关系以外，通常需要分两步进行。

（1）整数部分

自右向左，四位一组，不足四位，向左填零；然后将各组用相应的十六进制数替代。

（2）小数部分

自左向右，四位一组，不足四位，向右填零；然后将各组用相应的十六进制数替代。

例如，二进制数100101011.01B转换成十六进制数的方法如下：

1）因原整数部分"100101011"有九位，现要把它填足3个四位，即12位，因此要在它的左边加3个0，改成0001 0010 1011B。这样，参照表6—1得原数整数部分的十六进制数码为12BH。

2）原小数部分"01"只有两位，现填足四位，因此要在它的右边加2个0，改成0100B。这样，参照表6—1得原数小数部分的十六进制数码为4H。

最后的结果为：100101011.01B = 12B.4H。

2. 十六进制数转换成二进制数

将一个十六进制数转换成一个二进制数，相对方便一些，只要运用表6—1中二进制数与十六进制数的关系即可直接得到。

例如，将十六进制数A3H转换成二进制数：A3H = 1010 0011B。

3. 十进制数转换成二进制数

十进制数转换成二进制数的方法相对来说要复杂一点，也要把整数部分和小数部分分开转换，而且转换方法大不相同。

（1）整数部分的转换

十进制整数转换成二进制整数采用**"除2逆序取余法"**，具体方法见"例6—4"的求解过程。

【例6—4】 将十进制数1234D转换成二进制数。

解：如图6—6所示，用"除2逆序取余法"求得

$$1234D = 0100\ 1101\ 0010B$$

（2）小数部分的转换

十进制小数转换成二进制小数采用"**乘2顺序取整法**"，具体方法见"例6—5"的求解过程。

【例6—5】 将十进制数0.125D转换成二进制数。

解：如图6—7所示，用"乘2顺序取整法"求得

$$0.125D = 0.001B$$

4. 十进制数转换成十六进制数

十进制数转换成十六进制数的方法与十进制数转换成二进制数的基本相同，只是对整数部分和小数部分的除数和乘数不再是2，而是16。即整数部分采用"**除16逆序取余法**"，小数部分采用"**乘16顺序取整法**"。

【例6—6】 将十进制数15625转换成十六进制数。

解：如图6—8所示，用"除16逆序取余法"求得

$$15625 = 3D09H$$

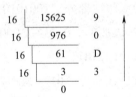

❖ 图6—6 除2逆序取余法示例

❖ 图6—7 乘2顺序取整法示例 ❖ 图6—8 除16逆序取余法示例

四、常用码制

用数码、符号、文字来表示特定对象的过程称为**编码**，例如各地的邮政编码、个人的身份证号、汽车自诊断系统显示的故障码等。不同的编码方式称为码制。

1. 二进制代码

数字系统的信息通常采用多位二进制数表示，称为二进制代码。

一个二进制数有1和0两个代码，可以表示两个信息，**n位二进制代码可以表示2^n个不同的信息**。如果需要编码的信息有N项，则应满足$N \leqslant 2^n$。

2. BCD码

用二进制数表示十进制数的编码方法称为二—十进制编码，简称BCD码。

由于十进制数有十个（0~9）不同的数码，所以需要用十个二进制数表示，而四位二进制数可以组成$2^4 = 16$种不同的组合，根据从16种组合中选出10种组合方式的不

同，可以得到多种二—十进制编码方案，并区分有权码和无权码两大类。表6—2列出了几种常见的BCD码。

表6—2　　　　　　　　　　　　几种常见的BCD码

十进制数	有权码				无权码	
	8421	5421	2421（A）	2421（B）	余3码	格雷码
0	0000	0000	0000	0000	0011	0000
1	0001	0001	0001	0001	0100	0001
2	0010	0010	0010	0010	0101	0011
3	0011	0011	0011	0011	0110	0010
4	0100	0100	0100	0100	0111	0110
5	0101	1000	0101	1011	1000	0111
6	0110	1001	0110	1100	1001	0101
7	0111	1010	0111	1101	1010	0100
8	1000	1011	1110	1110	1011	1100
9	1001	1100	1111	1111	1100	1000

（1）8421BCD码

最常用的BCD码是8421BCD码。它是一种有权码，从高位（左）到低位（右）的权分别为8（2^3）、4（2^2）、2（2^1）、1（2^0），所以称为8421码。它选取0000～1001前10种组合来表示十进制数。

（2）5421BCD码

5421BCD码也是一种有权码，从高位到低位分别是5、4、2、1。

例如，$(1011)_{5421}$按位展开可得$1 \times 5 + 0 \times 4 + 1 \times 2 + 1 \times 1 = 8$。

此外，还有2421、余3码、格雷码等。

链接

脉冲波形的应用

1. 汽车示波器

汽车示波器是用于汽车故障诊断的专用示波器，如图6—9所示。它可以检测各种传感器的信号波形、控制信号的波形和点火线圈的振荡波形等，精确测量点火时间、点火电压、燃烧时间、燃烧电压等，特别适用于诊断时有时无的间歇性故障。图6—10所示为汽车示波器所显示的点火系统的脉冲波形。

2. 用脉冲波形显示故障码

汽车发动机微机控制自诊断系统都是采用脉冲电压来显示故障码的，它是由自诊断输出接口（STO）向外输出脉冲信号，以仪表板上"CHECK ENGINE"（检查发动机）指示灯的闪烁显示故障代码。丰田车系故障码见表6—3。

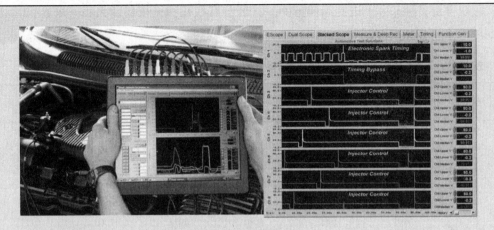

● 图6—9 汽车示波器实物图   ● 图6—10 点火系统的脉冲波形示例

表6—3   **丰田车系故障码**

故障码	含　义	故障码	含　义
11	ECU 电源电路故障	16	自动变速器 ECU 故障
12	凸轮轴/曲轴位置传感器或电路故障	21	左主氧传感器或电路故障
13	凸轮轴/曲轴位置传感器或电路故障	22	冷却液温度传感器或电路故障
14	点火控制器或电路故障	24	进气温度传感器或电路故障
15	点火控制器或电路故障	32	空气流量计或电路故障

　　例如，丰田车系故障码为两位数，"CHECK ENGINE"灯闪亮与熄灭的时间间隔均为 0.5 s，闪亮的次数代表故障码数值，一个故障码的十位与个位之间有 1.5 s 熄灭的间隔，两个故障码之间有 2.5 s 熄灭的间隔，每一循环重复显示之间有 4.0 s 的间隔，如图6—11 所示。

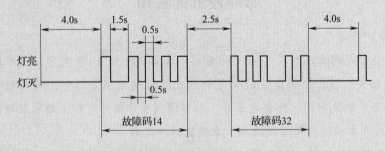

● 图6—11 故障码输出波形

　　查对故障码含义可知，该车存在点火控制器或电路故障及空气流量计或电路故障。

§6—2 逻辑门电路

学习目标

1. 理解与门、或门、非门、与非门、或非门的逻辑功能，熟识其图形符号。

2. 了解与或非门、异或门、集电极开路门、三态门的功能。

各种逻辑门电路是组成数字电路的基本单元，基本的逻辑门电路有与门、或门和非门，利用基本的逻辑门可以组成多种复合逻辑门。

一、基本逻辑门

1. 与门

图 6—12 所示为与逻辑开关电路。电路中只有当 A、B 两个开关都闭合时，灯才亮；只要有一个开关断开，灯就不亮。这就是说，只有当决定一件事情的几个条件完全具备时，这件事情才能发生，否则不发生。这样的关系称为**与逻辑**关系，实现这种特定关系的逻辑电路称为与门。

现把开关通断与灯泡亮灭的关系列在表 6—4 中。如果设开关通为 1，不通为 0，灯亮为 1，不亮为 0，可得表

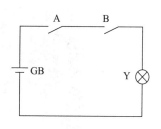

● 图 6—12　与逻辑开关电路

6—5，这便是与门的**真值表**，它反映了与门输出状态与输入状态之间的逻辑关系。

表 6—4　　电路状态

开关 A	开关 B	灯泡 Y
断	断	不亮
断	通	不亮
通	断	不亮
通	通	亮

表 6—5　　与门真值表

A	B	Y
0	0	0
0	1	0
1	0	0
1	1	1

与门的逻辑功能可概括为"**有 0 出 0，全 1 出 1**"。

与门的逻辑表达式为

$$Y = A \cdot B = AB$$

读作 Y 等于 A 与 B 或 Y 等于 A 乘 B，所以通常也把与逻辑称为**逻辑乘**。

表 6—6 中列有与门的国标符号、曾用符号、国外符号和有三个输入端的与门符号，有更多输入端的与门只要在此基础上增画相应多的输入端即可。

表 6—6   **与门逻辑符号**

国标符号	曾用符号	国外符号	三个输入端与门的符号
A —[&]— Y B	A —⊐— Y B	A —⊃— Y B	A B —[&]— Y C

数字电路的逻辑关系也常用波形图来描述，在画波形图时可省去坐标轴，但输入波形与输出波形之间的时间必须严格对应。

例如，图 6—13 中，与门在 A、B 两个波形的输入电压作用下，得到如 Y 波形所示的输出电压。

常用的与门电路有两个系列，一个是以"74"开头的 **TTL 系列**，另一个是以"CD40"或"CC40"等开头的 **CMOS 系列**。图 6—14 所示分别为四 2 输入与门 74LS08 和 CD4081 的外形、内部逻辑结构和引脚排列。

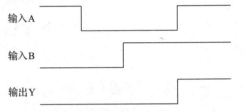

● 图 6—13   与门的输入输出波形

a)

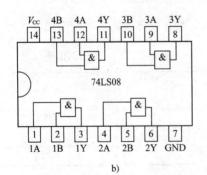 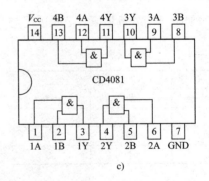

b)   c)

● 图 6—14   与门集成电路示例

a）74LS08 和 CD4081 实物外形   b）74LS08 内部逻辑结构和引脚排列   c）CD4081 内部逻辑结构和引脚排列

2. 或门

图 6—15 所示为或逻辑开关电路。电路中 A 和 B 两个开关只要有一个闭合灯就亮。这说明，当决定一件事情的几个条件中，只要有一个条件具备，这件事情就会发生。这样的逻辑关系称为**或逻辑**关系，实现这种特定关系的逻辑电路称为或门。

或门真值表见表 6—7。

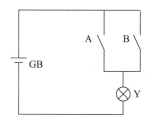

● 图 6—15 或逻辑开关电路

表 6—7　　或门真值表

A	B	Y
0	0	0
0	1	1
1	0	1
1	1	1

或门的逻辑功能可概括为 "**全 0 出 0，有 1 出 1**"。

或门的逻辑表达式为

$$Y = A + B$$

读作 Y 等于 A 或 B，也可读作 Y 等于 A 加 B，所以或逻辑也称**逻辑加**。

或门逻辑符号见表 6—8。

表 6—8　　　　　　　　或门逻辑符号

国标符号	曾用符号	国外符号	三个输入端或门的符号
A B ≥1 Y	A B + Y	A B Y	A B C ≥1 Y

图 6—16 所示为常见的四 2 输入或门 74LS32 和 CD4071 的外形、内部逻辑结构和引脚排列。

a)

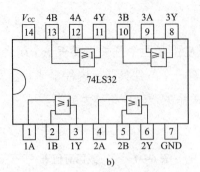

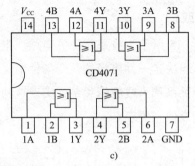

b)　　　　　　　　　　　　　　　　　　　　　c)

◆ 图6—16　或门集成电路示例

a）74LS32 和 CD4071 实物外形　b）74LS32 内部逻辑结构和引脚排列　c）CD4071 内部逻辑结构和引脚排列

3. 非门

图6—17 所示是非逻辑开关电路。电路中当开关 A 断开时，灯亮；A 闭合时，灯就不亮。也就是说，事情的结果与条件总是呈相反状态。这种关系称为**非逻辑**关系，实现这种特定关系的逻辑电路称为非门。

非门真值表见表6—9。

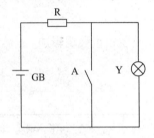

◆ 图6—17　非逻辑开关电路

表6—9　　　非门真值表

A	Y
0	1
1	0

非门的逻辑功能可概括为"**有0出1，有1出0**"。

非门的逻辑表达式为

$$Y = \overline{A}$$

读作 Y 等于 A 非。

非门逻辑符号见表6—10。

表6—10　　　　　　　　　　　　　　非门逻辑符号

国标符号	曾用符号	国外符号
A —[1]○— Y	A —[ ]○— Y	A —▷○— Y

图6—18 所示为常见的六非门集成电路 74LS04 和 CD4069 的外形、内部逻辑结构和引脚排列。

a)

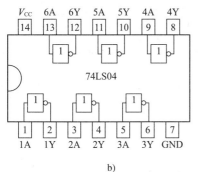
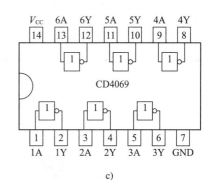

b) c)

● 图 6—18 非门集成电路示例

a) 74LS04 和 CD4069 实物外形 b) 74LS04 内部逻辑结构和引脚排列 c) CD4069 内部逻辑结构和引脚排列

二、复合逻辑门

用不同的基本逻辑门搭配起来，可组成多种复合逻辑门，下面主要介绍两种常用的复合逻辑门电路。

1. 与非门

与门的输出端接一个非门，使与门的输出状态取反，就组成一个与非门，如图 6—19 所示。2 输入端与非门的真值表见表 6—11。

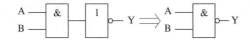

● 图 6—19 与非门的组成

表 6—11 与非门真值表

A	B	A · B	$Y = \overline{A \cdot B}$
0	0	0	1
0	1	0	1
1	0	0	1
1	1	1	0

161

与非门的逻辑表达式

$$Y = \overline{A \cdot B}$$

与非门的逻辑运算规则遵循先与后非的逻辑运算法则，即

$$\overline{0 \cdot 0} = 1 \qquad \overline{0 \cdot 1} = 1 \qquad \overline{1 \cdot 0} = 1 \qquad \overline{1 \cdot 1} = 0$$

与非门逻辑符号见表6—12。

表6—12 　　　　　　　　　　　与非门逻辑符号

国标符号	曾用符号	国外符号	三个输入端与非门的符号

图6—20所示为四2输入与非门集成电路74LS00和CD4011的外形、内部逻辑结构和引脚排列。

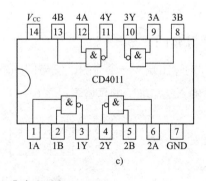

a)

b) 　　　　　　　　　　　　　　　　c)

● 图6—20 与非门集成电路示例

a）74LS00和CD4011实物外形　b）74LS00内部逻辑结构和引脚排列　c）CD4011内部逻辑结构和引脚排列

2. 或非门

或门的输出端接一个非门，使或门的输出状态取反，就组成一个或非门，如图6—21所示。2输入端或非门的真值表见表6—13。

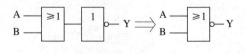

● 图6—21 或非门的组成

表 6—13   或非门真值表

A	B	A + B	$Y = \overline{A + B}$
0	0	0	1
0	1	1	0
1	0	1	0
1	1	1	0

或非门的逻辑表达式为

$$Y = \overline{A + B}$$

或非门的逻辑运算规则遵循先或后非的逻辑运算法则，即

$$\overline{0 + 0} = 1 \qquad \overline{0 + 1} = 0 \qquad \overline{1 + 0} = 0 \qquad \overline{1 + 1} = 0$$

或非门逻辑符号见表 6—14。

表 6—14   或非门逻辑符号

国标符号	曾用符号	国外符号	三个输入端或非门的符号
A —[≥1]○— Y B	A —[+]○— Y B	A ⊐)○— Y B	A —[≥1]○— Y B C

图 6—22 所示为四 2 输入或非门集成电路 74LS02 和 CD4001 的外形、内部逻辑结构和引脚排列。

a)

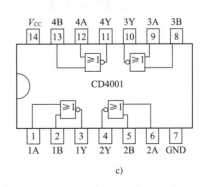

b)   c)

● 图 6—22 或非门集成电路示例

a) 74LS02 和 CD4001 实物外形   b) 74LS02 内部逻辑结构和引脚排列   c) CD4001 内部逻辑结构和引脚排列

三、其他常用门

1. 与或非门

与或非门的逻辑符号见表6—15，逻辑表达式为

$$Y = \overline{A \cdot B + C \cdot D}$$

表6—15　　　　　　　　　　　与或非门的逻辑符号

国标符号	曾用符号	国外符号
A B C D → &　≥1 → Y	A B C D → + → Y	A B C D → Y

与或非门的型号较多，如以74LS51为代表的3/3、2/2双与或非门，以74LS64为代表的4/2、3/2单输入与或非门等。下面对74LS51做简要介绍。

74LS51的一种外形如图6—23a所示，它是一个3/3、2/2双与或非门，其逻辑表达式为

$$Y_1 = \overline{(A_1 \cdot B_1 \cdot C_1) + (D_1 \cdot E_1 \cdot F_1)}$$
$$Y_2 = \overline{(A_2 \cdot B_2) + (C_2 \cdot D_2)}$$

其内部逻辑结构和引脚排列如图6—23b所示。

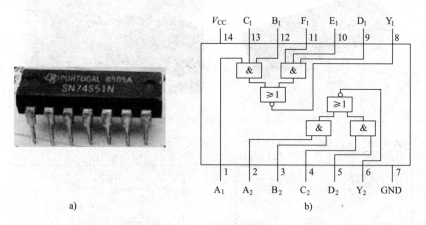

a)

● 图6—23　双与或非门74LS51

a) 74LS51实物外形　b) 74LS51内部逻辑结构和引脚排列

2. 异或门

异或门逻辑符号见表6—16，逻辑表达式为

$$Y = \overline{A} \cdot B + A \cdot \overline{B}$$

表 6—16 异或门逻辑符号

国标符号	曾用符号	国外符号
A —[=1]— Y B	A —[⊕]— Y B	A —⊐)— Y B

3. 集电极开路门

集电极开路门也称 OC 门，它是将集成门电路输出级三极管的集电极负载做成需要外接的一种门电路。最常用的是 OC 与非门和反相器，但其他门都可以做成集电极开路的输出结构。外接负载电阻的电阻值和功率需根据有关技术资料给出的数据进行计算。它主要用来克服一般门电路输出级负载功率受限和负载不能直接并联的问题。集电极开路门的符号见表 6—17，逻辑表达式为

$$Y = \overline{A \cdot B}$$

表 6—17 集电极开路门符号

国标符号	曾用符号
A —[& ◇]— Y B	A —[ ]o— Y B

4. 三态门

三态门也称 3S 门或 TS 门，是在普通门电路的基础上附加控制电路及控制端（称为使能端）而构成的门电路。其出现是由于人们希望减少复杂数字系统中各个单元电路之间连线的数目，能实现在同一导线上分时传送若干接入的门电路的输出信号。也就是说，有了它，在一根线上虽然接有多个门电路，但通过三态门的分时控制，将只接入一个。

3S 门的控制端有两种形式：高电平有效（EN 端不带"○"）和低电平有效（EN 端带"○"）。有效状态的门电路，正常输出（H，高电平；或 L，低电平）；无效状态的门电路，呈高阻（Z，相当于断开），输出无效。低电平使能有效三态门的符号见表 6—18，逻辑表达式为

$$Y = \overline{A \cdot B}$$

表 6—18 低电平使能有效三态门的符号

国标符号	曾用符号
A B EN —[& ▽]— Y	A B —[ ]o— Y EN

表 6—18 中，EN 称为使能端，若 EN = 0，则 $Y = \overline{A \cdot B}$；若 EN = 1，则 Y 呈高阻态。

§6—3 组合逻辑电路

学习目标

1. 了解组合逻辑电路的特点。
2. 掌握编码器和译码器的基本概念，理解 8421 码的编码和译码过程。
3. 熟悉数码显示器和显示译码器的应用。
4. 了解数据选择器、数据分配器的基本原理和应用。

数字电路可分为**组合逻辑电路**和**时序逻辑电路**两大类。本节讨论组合逻辑电路，它的特点是：电路任一时刻的输出仅取决于该时刻的输入，而与电路原来的状态无关。此前讨论的基本逻辑门电路属于最简单的组合逻辑电路。

编码器、译码器、数据选择器和数据分配器是几种最常用的组合逻辑电路。

一、编码器

1. 二进制编码器

用二进制代码表示某种信号的电路称为二进制编码器。

3 位二进制编码器有 8 个输入端、3 个输出端，所以也称 8 线—3 线编码器，其编码表见表 6—19，输入为高电平有效。

表 6—19　　　　　　　　　　3 位二进制编码表

输入								输出		
I_7	I_6	I_5	I_4	I_3	I_2	I_1	I_0	Y_2	Y_1	Y_0
0	0	0	0	0	0	0	1	0	0	0
0	0	0	0	0	0	1	0	0	0	1
0	0	0	0	0	1	0	0	0	1	0
0	0	0	0	1	0	0	0	0	1	1
0	0	0	1	0	0	0	0	1	0	0
0	0	1	0	0	0	0	0	1	0	1
0	1	0	0	0	0	0	0	1	1	0
1	0	0	0	0	0	0	0	1	1	1

由编码表写出各输出的逻辑表达式为

$$Y_2 = I_4 + I_5 + I_6 + I_7$$

$$Y_1 = I_2 + I_3 + I_6 + I_7$$

$$Y_0 = I_1 + I_3 + I_5 + I_7$$

根据逻辑表达式可以画出或门组成的 3 位二进制编码器逻辑图,如图 6—24 所示。在图中,I_0 的编码是隐含着的,当 $I_1 \sim I_7$ 均为 0 时,电路输出就是 I_0 的编码。

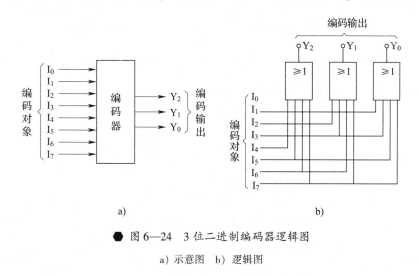

图 6—24　3 位二进制编码器逻辑图

a) 示意图　　b) 逻辑图

2. 二—十进制编码器

将十进制数字 0～9 编成二进制代码的电路称为二—十进制编码器,也称为 BCD 码编码器。

表 6—20 所示是 8421BCD 码编码表。输入为需要编码的十进制数字,输出为相应的二进制代码 $Y_3 Y_2 Y_1 Y_0$。

表 6—20　　　　　　　　　　　　　8421BCD 码编码表

十进制数	输入信号	输出信号			
		Y_3	Y_2	Y_1	Y_0
0	I_0	0	0	0	0
1	I_1	0	0	0	1
2	I_2	0	0	1	0
3	I_3	0	0	1	1
4	I_4	0	1	0	0
5	I_5	0	1	0	1

续表

十进制数	输入信号	输出信号			
		Y_3	Y_2	Y_1	Y_0
6	I_6	0	1	1	0
7	I_7	0	1	1	1
8	I_8	1	0	0	0
9	I_9	1	0	0	1

由编码表可以得到各输出的逻辑表达式为

$$Y_3 = I_8 + I_9 = \overline{\overline{I_8} \cdot \overline{I_9}}$$

$$Y_2 = I_4 + I_5 + I_6 + I_7 = \overline{\overline{I_4} \cdot \overline{I_5} \cdot \overline{I_6} \cdot \overline{I_7}}$$

$$Y_1 = I_2 + I_3 + I_6 + I_7 = \overline{\overline{I_2} \cdot \overline{I_3} \cdot \overline{I_6} \cdot \overline{I_7}}$$

$$Y_0 = I_1 + I_3 + I_5 + I_7 + I_9 = \overline{\overline{I_1} \cdot \overline{I_3} \cdot \overline{I_5} \cdot \overline{I_7} \cdot \overline{I_9}}$$

根据上述逻辑表达式可以画出逻辑图，如图 6—25 所示。在图中，I_0 的编码是隐含着的，当 $I_1 \sim I_9$ 均为 0 时，电路输出就是 I_0 的编码。

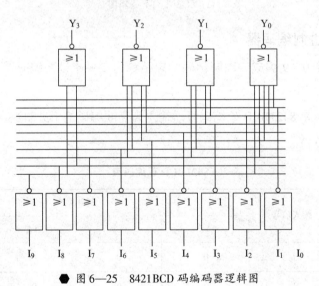

● 图 6—25　8421BCD 码编码器逻辑图

二、译码器

1. 二进制译码器

译码是编码的逆过程。二进制译码器是将输入的二进制代码转换成相应信号的电路。假设译码器有 n 个输入代码，N 个输出信号，若 $N = 2^n$，称为**完全译码器**；若 $N < 2^n$，

称为**部分译码器**。

74LS138 是一种典型的二进制译码器，其实物图和引脚排列如图 6—26 所示。

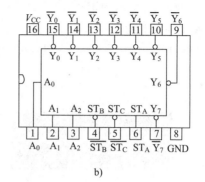

a)　　　　　　　　　　　　　　　　b)

◆ 图 6—26　74LS138 译码器

a）实物图　b）引脚排列

它有 3 个输入端，8 个输出端，所以也称 3 线—8 线译码器，属于完全译码器。其真值表见表 6—21。

表 6—21　　　　　　　　　　　　　74LS138 译码器的真值表

输入					输出							
ST_A	$\overline{ST_B} + \overline{ST_C}$	A_2	A_1	A_0	$\overline{Y_7}$	$\overline{Y_6}$	$\overline{Y_5}$	$\overline{Y_4}$	$\overline{Y_3}$	$\overline{Y_2}$	$\overline{Y_1}$	$\overline{Y_0}$
1	0	0	0	0	1	1	1	1	1	1	1	0
1	0	0	0	1	1	1	1	1	1	1	0	1
1	0	0	1	0	1	1	1	1	1	0	1	1
1	0	0	1	1	1	1	1	1	0	1	1	1
1	0	1	0	0	1	1	1	0	1	1	1	1
1	0	1	0	1	1	1	0	1	1	1	1	1
1	0	1	1	0	1	0	1	1	1	1	1	1
1	0	1	1	1	0	1	1	1	1	1	1	1
0	×	×	×	×	1	1	1	1	1	1	1	1
×	1	×	×	×	1	1	1	1	1	1	1	1

A_2、A_1、A_0 为 3 位二进制代码输入，$\overline{Y_0}$ ~ $\overline{Y_7}$ 为 8 个译码输出，低电平有效，即某一输出信号为 0 时译码成功。ST_A、$\overline{ST_B}$、$\overline{ST_C}$ 为选通控制，当 $ST_A = 1$，$\overline{ST_B} = \overline{ST_C} = 0$ 时，允许译码，由输入代码 A_2、A_1、A_0 的取值组合使 $\overline{Y_0}$ ~ $\overline{Y_7}$ 中的某一位输出低电平。当 3 个选通控制信号中有一个不满足时，译码器禁止译码，输出皆为无用信号。

2. 二—十进制译码器

将二—十进制代码翻译成十进制数码 0 ~ 9 的电路称为二—十进制译码器。常用的是 8421BCD 码译码器。该译码器有 4 个输入端，10 个输出端，所以也称 4 线—10 线译码器，属于部分译码器。

图 6—27 所示为 8421BCD 码译码器 74LS42 的实物图和引脚排列。其真值表见表 6—22，表中输出 0 为有效电平，1 为无效电平。例如，当 $A_3A_2A_1A_0 = 0101$ 时，$\overline{Y}_5 = 0$，它表示 8421BCD 码 0101 译成的十进制数码为 5。

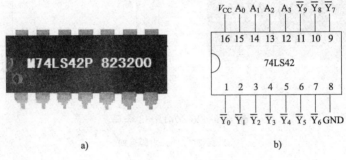

a)   b)

◈ 图 6—27　8421BCD 码译码器 74LS42

a）实物图　b）引脚排列

表 6—22　　　　　　　　8421BCD 码译码器 74LS42 的真值表

数码	8421BCD 码输入				输出									
	A_3	A_2	A_1	A_0	$\overline{Y}_9$	$\overline{Y}_8$	$\overline{Y}_7$	$\overline{Y}_6$	$\overline{Y}_5$	$\overline{Y}_4$	$\overline{Y}_3$	$\overline{Y}_2$	$\overline{Y}_1$	$\overline{Y}_0$
0	0	0	0	0	1	1	1	1	1	1	1	1	1	0
1	0	0	0	1	1	1	1	1	1	1	1	1	0	1
2	0	0	1	0	1	1	1	1	1	1	1	0	1	1
3	0	0	1	1	1	1	1	1	1	1	0	1	1	1
4	0	1	0	0	1	1	1	1	1	0	1	1	1	1
5	0	1	0	1	1	1	1	1	0	1	1	1	1	1
6	0	1	1	0	1	1	1	0	1	1	1	1	1	1
7	0	1	1	1	1	1	0	1	1	1	1	1	1	1
8	1	0	0	0	1	0	1	1	1	1	1	1	1	1
9	1	0	0	1	0	1	1	1	1	1	1	1	1	1
无效数码	1	0	1	0	全部为 1									
	1	0	1	1										
	1	1	0	0										
	1	1	0	1										
	1	1	1	0										
	1	1	1	1										

3. 显示译码器

显示译码器的作用是将输入端的 8421 二—十进制代码译成数码管的字段信号，以驱动数码管显示出相应的十进制数码。

所谓数码管，是指用以显示数字和字符的电子器件，也称数码显示器。最常用的为七段 LED 数码显示器，如图 6—28 所示。它把要显示的十进制数码分成七段，因此称为七段 LED 数码显示器，俗称 LED 数码管。

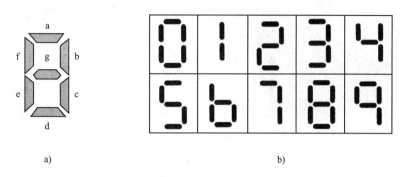

a)　　　　　　　　　　　　　　　　　b)

◆ 图 6—28　七段 LED 数码显示器

a) 实物图　b) 七段显示图形

外形相同的数码管，由于其内部七段发光二极管的连接方式不同，可分为共阳极和共阴极两种接法，如图 6—29 所示。

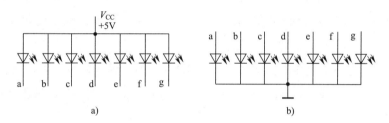

a)　　　　　　　　　　　　　　　　b)

◆ 图 6—29　数码管的两种接法

a) 共阳极接法　b) 共阴极接法

有些数码管在右下角还增加了一个小数点，成为字形的第 8 段，例如 BS202 数码管，其实物图及引脚排列如图 6—30 所示。

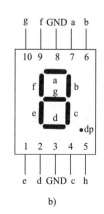

a)　　　　　　　　　　　　　　b)

◆ 图 6—30　带小数点的数码管

a) 实物图　b) 引脚排列

下面以 CC4511 为例说明显示译码器的应用方法。CC4511 是高电平输出的七段显示译码器，驱动共阴极接法的 LED 数码管。其实物图和引脚排列如图 6—31 所示。

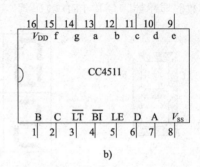

a)   b)

● 图 6—31　七段显示译码器 CC4511

a）实物图　b）引脚排列

各引脚功能说明如下：

A、B、C、D——8421BCD 码输入端。

a、b、c、d、e、f、g——译码输出端，高电平有效，用来驱动共阴极 LED 数码管。

$\overline{LT}$——测试输入端（俗称试灯输入端），$\overline{LT}$ = 0 时，译码输出全为 1，显示字形"日"。

$\overline{BI}$——消隐输入端（俗称灭灯输入端），$\overline{BT}$ = 0 时，译码输出全为 0，无显示。

LE——锁定端，LE = 1 时，译码器处于锁定（保持）状态，译码输出保持在 LE = 0 时的数值，LE = 0 时正常译码。

CC4511 的真值表见表 6—23。

表 6—23　　　　　　　　　　　CC4511 的真值表

输入							输出							显示字形
LE	$\overline{BI}$	$\overline{LT}$	D	C	B	A	a	b	c	d	e	f	g	
×	×	0	×	×	×	×	1	1	1	1	1	1	1	8
×	0	1	×	×	×	×	0	0	0	0	0	0	0	消隐
0	1	1	0	0	0	0	1	1	1	1	1	1	0	0
0	1	1	0	0	0	1	1	1	0	0	0	0	0	1
0	1	1	0	0	1	0	1	1	0	1	1	0	1	2

续表

输入							输出							
LE	$\overline{BI}$	$\overline{LT}$	D	C	B	A	a	b	c	d	e	f	g	显示字形
0	1	1	0	0	1	1	1	1	1	1	0	0	1	3
0	1	1	0	1	0	0	0	1	1	0	0	1	1	4
0	1	1	0	1	0	1	1	0	1	1	0	1	1	5
0	1	1	0	1	1	0	0	0	1	1	1	1	1	6
0	1	1	0	1	1	1	1	1	1	0	0	0	0	7
0	1	1	1	0	0	0	1	1	1	1	1	1	1	8
0	1	1	1	0	0	1	1	1	1	1	0	1	1	9
0	1	1	1	0	1	0	0	0	0	0	0	0	0	消隐
0	1	1	1	0	1	1	0	0	0	0	0	0	0	消隐
0	1	1	1	1	0	0	0	0	0	0	0	0	0	消隐
0	1	1	1	1	0	1	0	0	0	0	0	0	0	消隐
0	1	1	1	1	1	0	0	0	0	0	0	0	0	消隐
0	1	1	1	1	1	1	0	0	0	0	0	0	0	消隐
1	1	1	×	×	×	×	锁 存							锁存

三、数据选择器

数据选择器又称**多路调制器**或**多路选择开关**，其功能是在**选择输入**（又称**地址输入**）信号的作用下，从多路输入数据中选择其中一路并将其传送至公共输出端。其功能相当于多个输入的单刀多掷开关，如图6—32所示。

数据选择器是目前逻辑设计中应用十分广泛的逻辑部件，常用的有2选1、4选1、8选1、16选1等。

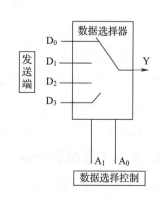

◆ 图6—32 数据选择器示意图

1. 4 选 1 数据选择器

4 选 1 数据选择器 74LS153 的实物图和引脚排列如图 6—33 所示，其真值表见表 6—24。

a)

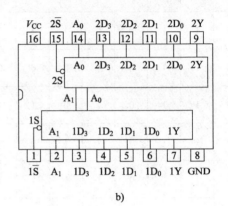

b)

◆ 图 6—33 4 选 1 数据选择器 74LS153

a）实物图 b）引脚排列

表 6—24 74LS153 数据选择器的真值表

使能端 $\overline{S}$	选择输入（地址输入）		输出 Y
	A_1	A_0	
1	×	×	0
0	0	0	D_0
0	0	1	D_1
0	1	0	D_2
0	1	1	D_3

一个 74LS153 中有两个 4 选 1 数据选择器，A_1、A_0 为公用的地址输入端，$1D_0 \sim 1D_3$ 和 $2D_0 \sim 2D_3$ 分别为两个 4 选 1 数据选择器的数据输入端，Y_1、Y_2 为两个输出端。

（1）当使能端 $1\overline{S}$（$2\overline{S}$）=1 时，禁止选择，无输出。

（2）当使能端 $1\overline{S}$（$2\overline{S}$）=0 时，正常工作，根据地址输入码 A_1、A_0 的状态，将相应数据 $D_0 \sim D_3$ 送到输出端。例如：

$A_1 A_0 = 00$，则选择数据 D_0 到输出端，即 $Y = D_0$；

$A_1 A_0 = 01$，则选择数据 D_1 到输出端，即 $Y = D_1$。

2. 8 选 1 数据选择器

8 选 1 数据选择器 74LS151 的实物图和引脚排列如图 6—34 所示，其真值表见表 6—25。

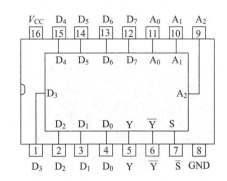

a)   b)

● 图 6—34   8 选 1 数据选择器 74LS151

a) 实物图   b) 引脚排列

表 6—25   **74LS151 数据选择器的真值表**

使能端 $\bar{S}$	选择输入（地址输入）			输出	
	A_2	A_1	A_0	Y	$\bar{Y}$
1	×	×	×	0	1
0	0	0	0	D_0	$\overline{D_0}$
0	0	0	1	D_1	$\overline{D_1}$
0	0	1	0	D_2	$\overline{D_2}$
0	0	1	1	D_3	$\overline{D_3}$
0	1	0	0	D_4	$\overline{D_4}$
0	1	0	1	D_5	$\overline{D_5}$
0	1	1	0	D_6	$\overline{D_6}$
0	1	1	1	D_7	$\overline{D_7}$

四、数据分配器

数据分配器又称**多路解调器**或**反向多路开关**。其功能与数据选择器相反，它是根据地址选择信号将一路输入数据传送到多路设备的某一输出端。其功能相当于多个输出的单刀多掷开关，如图 6—35 所示。

数据分配器实质上可用译码器构成。下面用 2

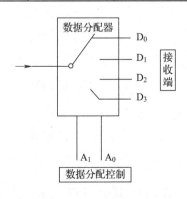

● 图 6—35   数据分配器示意图

线—4 线译码器 74LS139 来构成一个双 4 路分配器。74LS139 的实物图和引脚排列如图 6—36 所示，其真值表见表 6—26。

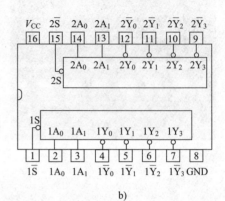

● 图 6—36　2 线—4 线译码器 74LS139

a) 实物图　b) 引脚排列

表 6—26　　　　　　　　　　　　　　　74LS139 的真值表

使能端 $\overline{S}$	地址输入		输出			
	A_1	A_0	$\overline{Y}_3$	$\overline{Y}_2$	$\overline{Y}_1$	$\overline{Y}_0$
1	×	×	1	1	1	1
0	0	0	1	1	1	0
0	0	1	1	1	0	1
0	1	0	1	0	1	1
0	1	1	0	1	1	1

用 74LS139 构成的双 4 路分配器示意图如图 6—37 所示，它可根据地址输入端 A_1、A_0 的取值组合，选中 $\overline{Y}_0 \sim \overline{Y}_3$ 中的一路数据输出。

由图 6—37 可知，使能端 $\overline{E}$ 作为分配器的数据输入。逻辑 0 为有效电平，逻辑 1 为无效电平。

（1）当 $\overline{E} = 1$ 时，译码器不工作，此时所有输出端皆为 1。

（2）当 $\overline{E} = 0$ 时，译码器正常工作，此时根据地址输入 A_1、A_0 的状态，选择 $\overline{E}$ 的通道。例如：

若 $A_1 A_0 = 00$，则 $\overline{Y}_0 = \overline{E}$，相当于接通到 $\overline{Y}_0$，而 $\overline{Y}_1$、$\overline{Y}_2$、$\overline{Y}_3$ 皆为 1，相当于不接通。

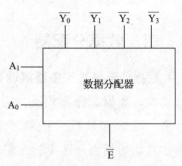

● 图 6—37　用 74LS139 构成的双 4 路分配器示意图

若 $A_1A_0 = 01$，则 $\overline{Y_1} = \overline{E}$，相当于 $\overline{E}$ 接通到 $\overline{Y_1}$，其余皆不接通。

以此类推，两个地址控制端有 4 种状态，则输入分别接通 4 个输出，从而完成数据分配功能。

链接

数据选择器和数据分配器在汽车电路中的应用

图 6—38 所示为汽车计算机网络控制中的多路信号数据采集、处理和传送示意图。由图可见，电路在对多路数据进行传送时，采用了**总线技术**。各物理量通过各类传感器转换为电量信号后，经数据选择器轮流选通并通过总线送入 ECU 处理。ECU 把处理结果再经与数据选择器同步工作的数据分配器送到各自的执行器件做出反应。

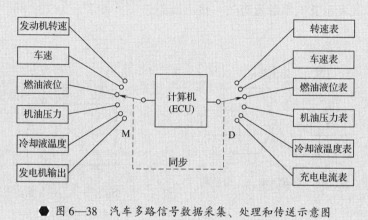

◆ 图 6—38　汽车多路信号数据采集、处理和传送示意图

§6—4　触　发　器

学习目标

1. 熟悉基本 RS 触发器的电路组成和逻辑功能。

2. 了解时钟脉冲的作用。

3. 掌握 JK 触发器和 D 触发器的逻辑功能。

门电路的输出状态完全取决于输入状态，一旦输入信号改变，输出信号也会随之改变。但是，在许多场合，常需要把信号储存起来，这就要求有一种具有**记忆功能**的电路，这种电路的基本单元叫触发器。

常用触发器按逻辑功能分为 RS 触发器、JK 触发器和 D 触发器等。其中，基本 RS 触发器最为简单，它也是构成各种结构复杂触发器的基础。

一、基本 RS 触发器

基本 RS 触发器又称**直接置位 – 复位触发器**或 **R – S 锁存器**。

1. 基本 RS 触发器的电路组成与符号

图6—39a 所示是用两个与非门交叉连接而成的基本 RS 触发器。$\overline{R}_D$、$\overline{S}_D$ 是它的两个输入端，Q、$\overline{Q}$ 是它的两个输出端，基本 RS 触发器的逻辑符号如图6—39b 所示。其中，输入端带小圆圈表示低电平触发有效；输出端不带小圆圈表示 Q 端，带小圆圈表示 $\overline{Q}$ 端。

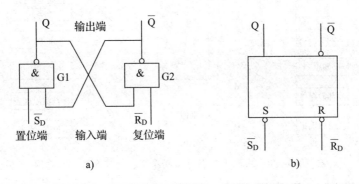

图6—39 基本 RS 触发器

a）逻辑电路 b）逻辑符号

2. 逻辑功能

在正常工作情况下，基本 RS 触发器的两个输出端 Q 和 $\overline{Q}$ 的状态相反，通常规定 **Q 端的状态为触发器的状态**。$Q = 1$、$\overline{Q} = 0$，称为 1 态；$Q = 0$、$\overline{Q} = 1$，称为 0 态。

（1）$\overline{R}_D = 1$、$\overline{S}_D = 1$

若触发器原来处于 0 态，即 $Q = 0$、$\overline{Q} = 1$，则门 G1 的两个输入端 $\overline{S}_D$、$\overline{Q}$ 均为 1，因此 G1 的输出 $Q = 0$，即触发器保持 0 态不变。同理，若触发器原来处于 1 态，即 $Q = 1$、$\overline{Q} = 0$，则门 G2 的两个输入端 $\overline{R}_D$、Q 均为 1，因此门 G2 的输出 $\overline{Q} = 0$，$\overline{Q} = 0$ 使 G1 的输出 $Q = 1$，因此触发器保持 1 态不变。

可见，触发器未输入低电平信号时，总是保持原来状态不变，这就是触发器的记忆功能。

（2）$\overline{S}_D = 0$，$\overline{R}_D = 1$

由于 $\overline{S}_D = 0$，门 G1 的输出 $Q = 1$，因此门 G2 的两个输入 $\overline{R}_D$、Q 均为 1，则 $\overline{Q} = 0$，触发器被置为 1 态，故称 S_D 端为**置 1 端**或**置位端**。

（3）$\overline{R}_D = 0$，$\overline{S}_D = 1$

由于 $\overline{R}_D = 0$，门 G2 的输出 $\overline{Q} = 1$，因此门 G1 的两个输入 $\overline{S}_D$、$\overline{Q}$ 均为 1，则 $Q = 0$，触发器被置为 0 态，故称 $\overline{R}_D$ 端为**置 0 端**或**复位端**。

（4）$\overline{R}_D = 0$，$\overline{S}_D = 0$

显然，在这种情况下，Q 和 $\overline{Q}$ 被迫同时为 1，失去了原有的互补关系。当 $\overline{R}_D$、$\overline{S}_D$ 的低电平触发信号同时消失后（即 $\overline{R}_D$ 和 $\overline{S}_D$ 同时变为 1），Q 和 $\overline{Q}$ 的状态不能确定。因此，必须避免出现 $\overline{R}_D$ 和 $\overline{S}_D$ 同时为 0 的情况，否则会出现逻辑混乱。

综上所述，基本 RS 触发器的真值表见表 6—27。

表 6—27　　　　　　　　　　　　　基本 RS 触发器真值表

输入		输出 Q^{n+1}	功能说明
$\overline{R}_D$	$\overline{S}_D$		
0	0	×	不定态，禁止
0	1	0	置 0
1	0	1	置 1
1	1	Q^n	保持（记忆）状态

表 6—27 中 Q^n 为触发器的**现态（初态）**，即输入信号作用前触发器 Q 端的状态；Q^{n+1} 为触发器的**次态**，即输入信号作用后触发器 Q 端的状态。"**×**"**表示触发器状态不定**。

二、JK 触发器

1. JK 触发器的电路组成和符号

RS 触发器在 $\overline{R}_D = \overline{S}_D = 0$ 时，会出现不确定的输出状态，即 R_D、S_D 之间存在着**约束关系**。为了克服 RS 触发器的缺陷，提高触发器的使用性能，在 RS 触发器的基础上又发展了几种不同逻辑功能的触发器。其中，JK 触发器是一种功能最全、实用性最强的触发器，也是构成其他数字电路的基础之一，如计数器等。

JK 触发器的逻辑符号如图 6—40 所示。

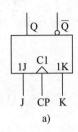
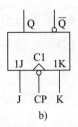

❖ 图6—40　JK触发器逻辑符号

a）上升沿触发　b）下降沿触发

在图6—40中，C是**时钟脉冲CP**的输入端，时钟脉冲只决定触发器状态转换的时刻。

C旁的小三角表示边沿触发，小三角外无小圆圈，如图6—40a所示，表示上升沿触发（ ⎍ ）；小三角外有小圆圈，如图6—40b所示，表示下降沿触发（ ⎍ ）。

J、K为信号输入端，又称**激励端**。

2. JK触发器的逻辑功能

JK触发器的特性表见表6—28，真值表见表6—29。

表6—28　　　　　　　　　　　　　　JK触发器特性表

时钟脉冲CP	输入		现态 Q^n	次态 Q^{n+1}	功能说明
	J	K			
	0	0	0	0	保持不变 $Q^{n+1} = Q^n$
	0	0	1	1	
（适用于图6—40a） （适用于图6—40b）	0	1	0	0	置0 $Q^{n+1} = 0$
	0	1	1	0	
	1	0	0	1	置1 $Q^{n+1} = 1$
	1	0	1	1	
	1	1	0	1	状态翻转 $Q^{n+1} = \overline{Q^n}$
	1	1	1	0	

注：特性表又称功能表，是指当触发器的次态 Q^{n+1} 不仅与输入状态有关，而且与触发器的现态 Q^n 有关时，把 Q^n 也作为一个变量列入真值表，并将 Q^n 称为状态变量的真值表。

表 6—29　　　　　　　　　　　　**JK 触发器真值表**

输入		输出 Q^{n+1}	功能说明
J	K		
0	0	Q^n	保持不变
0	1	0	置 0
1	0	1	置 1
1	1	$\overline{Q^n}$	取反（状态翻转）

由真值表可知，若这是一种下降沿触发的 JK 触发器，则当 CP 脉冲下降沿来到时，有：

（1）若 J = 0、K = 0，则 $Q^{n+1} = Q^n$，触发器保持原态不变。

（2）若 J = 0、K = 1，则 $Q^{n+1} = 0$，触发器置 0。

（3）若 J = 1、K = 0，则 $Q^{n+1} = 1$，触发器置 1。

（4）若 J = 1、K = 1，则 $Q^{n+1} = \overline{Q^n}$，触发器状态发生翻转，即"取反"。

可见 JK 触发器不仅可以避免输出的不确定状态，而且除了保持、置 0、置 1 功能外，还增加了"取反"功能。

由 JK 触发器的特性表可以写出其特性方程

$$Q^{n+1} = \overline{J}\,\overline{K}Q^n + J\overline{K}\,\overline{Q^n} + J\overline{K}Q^n + JK\,\overline{Q^n}$$
$$= J\,\overline{Q^n} + \overline{K}Q^n$$

3. 常用 JK 触发器集成电路

常用 JK 触发器集成电路有 74LS112（下降沿触发的 TTL 型）、CD4027（下降沿触发的 CMOS 型）和 MC14027（上升沿触发的 CMOS 型）。74LS112 和 CD4027 的实物图和引脚排列分别如图 6—41 和图 6—42 所示。

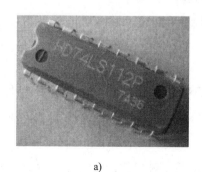

a)

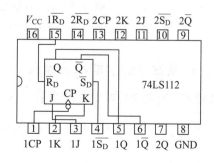

b)

● 图 6—41　双 JK 触发器 74LS112

a）实物图　b）引脚排列

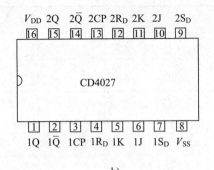

a)   b)

● 图 6—42   双 JK 触发器 CD4027

a）实物图   b）引脚排列

双触发器以上的集成电路，其输入、输出引脚符号前用同一数字表示同一触发器。V_{CC} 电源一般为 $+5$ V，V_{DD} 电源一般为 $+（3 \sim 18）$ V。

三、D 触发器

1. D 触发器的电路组成和符号

D 触发器通常是由 JK 触发器演变而来的，D 触发器的逻辑结构和逻辑符号如图 6—43 所示。

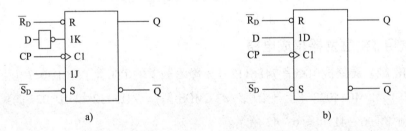

a)   b)

● 图 6—43   D 触发器的逻辑结构和逻辑符号

a）由 JK 触发器组成的 D 触发器   b）D 触发器逻辑符号（下降沿触发）

2. D 触发器的功能和真值表

D 触发器有四个控制端，其中 $\overline{R}_D$、$\overline{S}_D$、CP 端的功能与 JK 触发器一样，这里不再赘述。现在介绍 D 端：当 D = 1 时，触发后输出成"1"态；当 D = 0 时，触发后输出成"0"态。

D 触发器的真值表见表 6—30。在时钟脉冲作用后，触发器状态（Q）与 D 端状态相同，即 Q = D。$\overline{R}_D$ 端和 $\overline{S}_D$ 端称为异步操作端（或直接复位置位端），平时都应处于高电平。

D	Q^{n+1}
1	1
0	0

表 6—30　　　　　　　　　D 触发器的真值表

3. 常用 D 触发器集成电路

常用 D 触发器集成电路有 74LS74 和 CD4013 等，其实物图和引脚排列分别如图 6—44 和图 6—45 所示。

a)

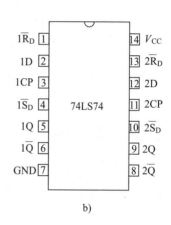

b)

◆ 图 6—44　双 D 触发器 74LS74

a）实物图　b）引脚排列

a)

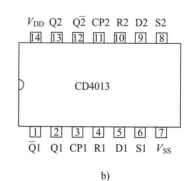

b)

◆ 图 6—45　双 D 触发器 CD4013

a）实物图　b）引脚排列

§6—5 寄 存 器

学习目标

1. 理解寄存器的功能及常见类型。
2. 了解寄存器的输入、输出方式。

寄存器的基本作用是存放用高、低电平表示的二进制代码，有数码寄存器和移位寄存器两种类型。寄存器被广泛地应用于各类数字电路中，是构成计算机内存的基础部件。

一、数码寄存器

数码寄存器是一种最简单的寄存器，它只具有接收数码和清除原有数码的功能。

图 6—46 所示为由 4 个 D 触发器组成的 4 位数码寄存器，$D_0 \sim D_3$ 为 4 位被存数码，分别接入各触发器的 D 端，在 CP 上升沿时，$Q_3^{n+1}Q_2^{n+1}Q_1^{n+1}Q_0^{n+1} = D_3D_2D_1D_0$。

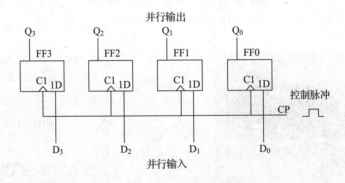

● 图 6—46 4 位数码寄存器

由于该寄存器被存数码同时从各触发器的 D 端输入，又同时从各 Q 端输出，故又称**并行输入、并行输出**（简称**并入/并出**）数码寄存器。

二、单向移位寄存器

移位寄存器除了具有寄存数码的功能外，还具有数码移位的功能。

图 6—47 所示为 4 位右移寄存器，电路由 4 个 D 触发器构成。4 位二进制代码 A_3A_2

$A_1A_0 = 1011$，高位在前，低位在后，依次从 A 端输入。设移位寄存器初始状态 $Q_3Q_2Q_1$ $Q_0 = 0000$，在移位脉冲（即触发器时钟脉冲 CP）作用下，移位寄存器的数码移动情况见表 6—31。

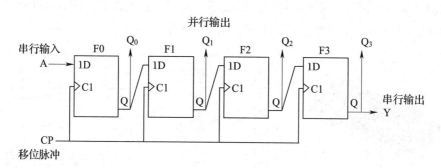

● 图 6—47　4 位右移寄存器

表 6—31　　　　　　　　　　　　　　　　4 位右移寄存器状态表

CP 脉冲	被寄存数码 $A_3A_2A_1A_0 = 1011$	并行输出				串行输出 $Y = Q_3$	说明
		Q_0	Q_1	Q_2	Q_3		
0	0	0	0	0	0	0	
1	1	1	0	0	0	0	将被存数码 1011 从高位到低位依次送至 F0、F1、F2、F3，经 4 次右移，将被存数码全部存入移位寄存器，$Q_3Q_2Q_1Q_0 = 1011$
2	0	0	1	0	0	0	
3	1	1	0	1	0	0	
4	1	1	1	0	1	1	

图 6—48 所示为 4 位右移寄存器中各触发器输出端波形图。

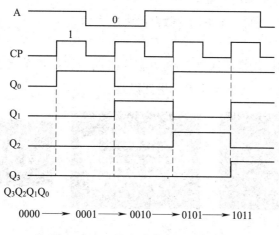

● 图 6—48　4 位右移寄存器工作波形图

三、双向移位寄存器

从实用的角度出发，移位寄存器大都设计成带移位控制端的双向移位寄存器，即在移位控制信号的作用下，电路既可以实现右移，又可以实现左移。图 6—49 所示为双向移位寄存器 74LS194 的实物图、引脚排列和逻辑符号。

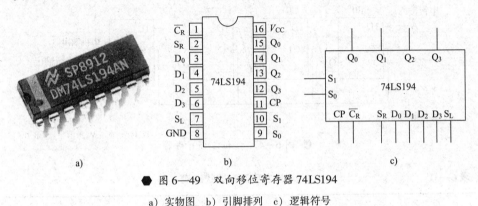

a) b) c)

● 图 6—49 双向移位寄存器 74LS194

a）实物图 b）引脚排列 c）逻辑符号

§6—6 计 数 器

学习目标

1. 了解计数器的功能。
2. 掌握二进制、十进制计数器的组成原理。

广义地讲，计数器就是能实现计数功能的器件，例如汽车上的车速里程表、水温表、油压表等（见图 6—50）都可看作是计数器。

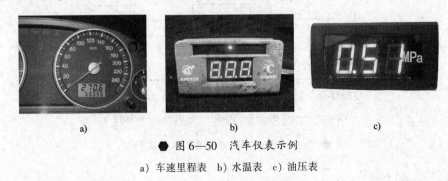

a） b） c）

● 图 6—50 汽车仪表示例

a）车速里程表 b）水温表 c）油压表

在数字系统中，把用来统计输入脉冲个数的电路称为计数器，它也是数字电路中的基本逻辑部件之一。

计数器的应用很广，种类繁多。按工作方法可分为同步计数器和异步计数器；按编码方式可分为二进制、十进制和任意进制（N进制）计数器；按功能可分为加计数器、减计数器和可逆计数器。

一、二进制计数器

在时钟脉冲作用下，各触发器的状态翻转按二进制数码规律计数的逻辑电路称为二进制计数器。

1. 异步加法计数器

每输入一个脉冲，就进行一次加 1 运算的计数器称为加法计数器，也称递增计数器。

如图 6—51 所示为用 4 个 JK 触发器构成的 4 位二进制异步加法计数器。它的连接特点是，每一个触发器的 J、K 端都接 1，构成 T 触发器[*]，再将低位触发器的 Q 端与高一位的 C1 端相连。最低位触发器 F0 直接受输入计数脉冲控制，其他触发器则分别受较低位触发器 Q 端输出的负跳变信号控制，因此各个应翻转的触发器状态更新有先有后，故称**异步计数器**，也称**串行计数器**。

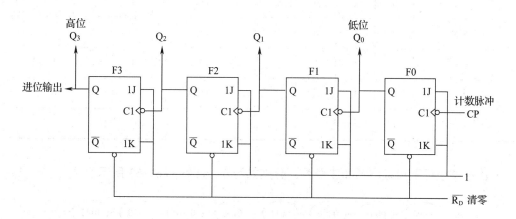

● 图 6—51　用 JK 触发器构成的 4 位二进制异步加法计数器

计数器工作前先清零，即计数器初始状态为 $Q_3Q_2Q_1Q_0 = 0000$。

---

[*] T 触发器是指有两个输入端（T 和 CP）、两个输出端（Q 和 $\overline{Q}$）的一种触发器，它在 T = 1 时，每来一个 CP 脉冲，就翻转一次；而在 T = 0 时，保持初始状态不变。通常它是由其他触发器构成的，例如，将 JK 触发器的 J 和 K 连在一起作为 T，其特性方程为 $Q^{n+1} = T\overline{Q}^n + \overline{T}Q^n$。

当第一个 CP 脉冲下降沿到来时，F0 状态翻转，Q_0 由 0 变 1，其余触发器状态不变，$Q_3Q_2Q_1Q_0 = 0001$。

当第二个 CP 脉冲下降沿到来时，F0 状态翻转，Q_0 由 1 变 0，Q_0 产生的下降沿信号加到 F1 的 C1 端，Q_1 由 0 变 1，其余触发器状态不变，$Q_3Q_2Q_1Q_0 = 0010$。

当第三个 CP 脉冲下降沿到来时，F0 状态翻转，Q_0 由 0 变 1，其余触发器状态不变，$Q_3Q_2Q_1Q_0 = 0011$。

依次类推，当第 15 个 CP 脉冲下降沿到来时，$Q_3Q_2Q_1Q_0 = 1111$。

当第 16 个 CP 脉冲下降沿到来时，$Q_3Q_2Q_1Q_0 = 0000$，计数器开始新的计数周期。

输入脉冲数与对应的二进制数见表 6—32。

表 6—32　　　　　　　　　　4 位二进制异步加法计数器状态表

计数脉冲 CP	Q_3	Q_2	Q_1	Q_0	计数脉冲 CP	Q_3	Q_2	Q_1	Q_0
0	0	0	0	0	9	1	0	0	1
1	0	0	0	1	10	1	0	1	0
2	0	0	1	0	11	1	0	1	1
3	0	0	1	1	12	1	1	0	0
4	0	1	0	0	13	1	1	0	1
5	0	1	0	1	14	1	1	1	0
6	0	1	1	0	15	1	1	1	1
7	0	1	1	1	16	0	0	0	0
8	1	0	0	0					

由状态表可画出状态图和波形图，分别如图 6—52 和图 6—53 所示。

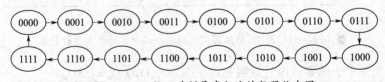

◆ 图 6—52　4 位二进制异步加法计数器状态图

2. 异步减法计数器

图 6—54 所示为用 4 个 JK 触发器构成的 4 位二进制异步减法计数器。其电路接法与异步加法计数器相似，不同之处在于加法计数器是将低位触发器的 Q 端接高位触发器的 C1 端，而减法计数器则是将低位触发器的 $\overline{Q}$ 端接高位触发器的 C1 端。

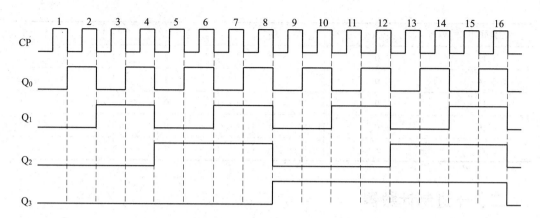

● 图6—53　4位二进制异步加法计数器波形图

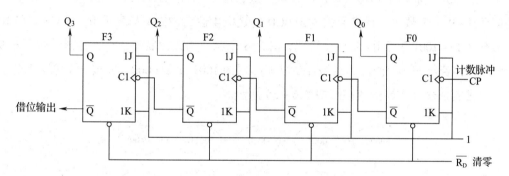

● 图6—54　用 JK 触发器构成的 4 位二进制异步减法计数器

4 位二进制异步减法计数器状态表见表 6—33。

表6—33　　　　　　　　　　4 位二进制异步减法计数器状态表

计数脉冲 CP	Q_3	Q_2	Q_1	Q_0
0	0	0	0	0
1	1	1	1	1
2	1	1	1	0
3	1	1	0	1
4	1	1	0	0
5	1	0	1	1
6	1	0	1	0
7	1	0	0	1
8	1	0	0	0
9	0	1	1	1
10	0	1	1	0
11	0	1	0	1
12	0	1	0	0

续表

计数脉冲 CP	Q_3	Q_2	Q_1	Q_0
13	0	0	1	1
14	0	0	1	0
15	0	0	0	1
16	0	0	0	0
17	1	1	1	1

二、十进制计数器

十进制是人们熟悉和习惯使用的计数方式，所以十进制计数器的应用十分广泛。十进制有 0 ~ 9 十个数码，最常用的 8421BCD 码是取 4 位二进制编码表示 16 个状态。前 10 个状态 0000 ~ 1001 表示 0 ~ 9 十个数码，其余 6 个状态为无效状态。当计数器计数到第 9 个脉冲后，若再来一个脉冲，计数器的状态必须由 1001 变到 0000，完成一个循环变化。

十进制加法计数器的状态图如图 6—55 所示。

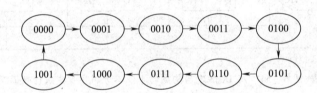

● 图 6—55　十进制加法计数器状态图

§6—7　555 时基电路

学习目标

1. 熟悉 555 时基电路的逻辑功能。

2. 了解用 555 时基电路构成的多谐振荡器、单稳态触发器的工作原理。

3. 了解 555 时基电路在汽车电路中的应用。

555 时基电路又称 **555 定时器**，在单稳态触发器和多谐振荡器等脉冲波形的产生与变换电路中有广泛应用。

一、555 时基电路概述

555 时基电路的外形及引脚排列如图 6—56 所示。

 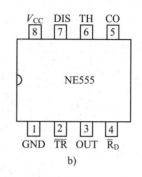

a)   b)

◆ 图 6—56 555 时基电路的外形及引脚排列

a）外形 b）引脚排列

555 时基电路各引脚功能见表 6—34。

表 6—34 555 时基电路各引脚功能

引脚	符号	功能
1	GND	接地端
2	$\overline{TR}$	低电平触发端
3	OUT	输出端
4	$\overline{R}_D$	直接复位端
5	CO	控制电压端
6	TH	高电平触发端
7	DIS	放电端
8	V_{CC}	电源端

二、555 时基电路的电路组成

555 时基电路内部结构如图 6—57 所示。

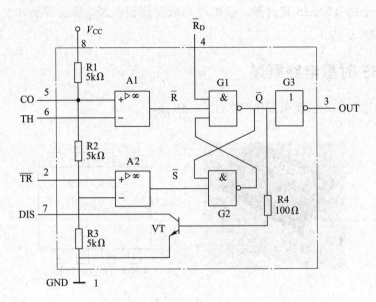

● 图6—57　555 时基电路内部结构

由图6—57 可见，555 时基电路主要由以下几部分组成。

1. 电阻分压器

由 3 个 5 kΩ 的电阻器串联而成，可为两个电压比较器提供基准电压。当引脚 5 悬空时，电压比较器 A1 的基准电压为 $\frac{2}{3}V_{CC}$，电压比较器 A2 的基准电压为 $\frac{1}{3}V_{CC}$。如果在引脚 5 外接控制电压，则可改变两个电压比较器的基准电压。当引脚 5 不需要接控制电压时，通常接 0.01 μF 电容器再接地，以抑制干扰，起到稳定电阻分压比的作用。

2. 电压比较器

两个电压比较器由运算放大器构成。引脚 6 为高电平触发端，即电压比较器 A1 的反相输入端。当 $u_6 > \frac{2}{3}V_{CC}$ 时，电压比较器 A1 输出低电平，否则输出高电平。引脚 2 为低电平触发端，即电压比较器 A2 的同相输入端。当 $u_2 > \frac{1}{3}V_{CC}$ 时，电压比较器 A2 输出高电平，否则输出低电平。

3. 基本 RS 触发器

它由两个与非门构成。它的状态由两个电压比较器的输出控制，根据基本 RS 触发器的工作原理，就可以决定触发器的输出状态。

引脚 4 （$\overline{R}_D$） 为直接复位端。当 $\overline{R}_D = 0$ 时，输出 OUT 为 0。正常工作时，应使 $\overline{R}_D$ 为高电平，可与 V_{CC} 相接。

4. 放电管

放电管 VT 是集电极开路的三极管，当输出 OUT 为 0 时，VT 导通；当输出 OUT 为 1

时，VT 截止。

5．缓冲器

由反相器构成，用于提高电路的带负载能力。

三、555 时基电路逻辑功能

555 时基电路逻辑功能见表 6—35。

表 6—35　　　　　　　　　　555 时基电路逻辑功能

输入			输出		功能
直接复位端$\overline{R}_D$	高电平触发端 TH	低电平触发端$\overline{TR}$	输出端 OUT	放电端 DIS	
0	×	×	0	导通	直接复位
1	$>\dfrac{2}{3}V_{CC}$	$>\dfrac{1}{3}V_{CC}$	0	导通	复位
1	×	$<\dfrac{1}{3}V_{CC}$	1	截止	置位
1	$<\dfrac{2}{3}V_{CC}$	$>\dfrac{1}{3}V_{CC}$	原状态	原状态	保持

1．直接复位功能

只要$\overline{R}_D$端加低电平，输出 OUT 即为 0，实现直接复位。

2．复位功能

当 6 脚 TH 端 $u_6 > \dfrac{2}{3}V_{CC}$，2 脚$\overline{TR}$端 $u_2 > \dfrac{1}{3}V_{CC}$时，$\overline{R}=0$，$\overline{S}=1$，基本 RS 触发器被置 0，输出 OUT 为 0，实现复位功能。

3．置位功能

当 $u_6 < \dfrac{2}{3}V_{CC}$、$u_2 < \dfrac{1}{3}V_{CC}$时，$\overline{R}=1$，$\overline{S}=0$，基本 RS 触发器被置 1，输出 OUT 为 1，实现置位功能。

若 $u_6 > \dfrac{2}{3}V_{CC}$、$u_2 < \dfrac{1}{3}V_{CC}$时，$\overline{R}=\overline{S}=0$，基本 RS 触发器 $Q = \overline{Q} = 1$，输出 OUT 为 1。

4．保持功能

当 $u_6 < \dfrac{2}{3}V_{CC}$、$u_2 > \dfrac{1}{3}V_{CC}$时，$\overline{R}=\overline{S}=1$，基本 RS 触发器实现保持功能，输出 OUT 保持原来状态，实现保持功能。

由以上分析可知，555 时基电路控制端口的**优先控制顺序**为直接复位端$\overline{R}_D$、低电平触发端$\overline{TR}$、高电平触发端 TH。它可以实现**直接复位**、**复位**、**置位**、**保持**四种功能。

四、555 多谐振荡器

1. 电路组成

555 多谐振荡器电路如图 6—58a 所示。图中 R1、R2、C 为外接**定时元件**。两个触发端$\overline{TR}$和 TH 连接在一起，取电容电压为触发信号。C1 为旁路电容，防止干扰信号。

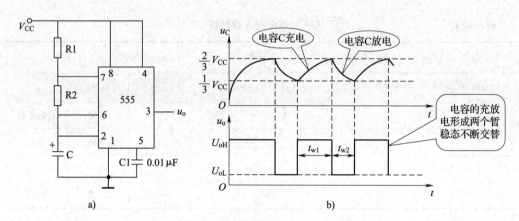

◆ 图 6—58　555 多谐振荡器电路及工作波形

a）电路　b）工作波形

2. 工作过程

刚接通电源瞬间，电容器两端 $u_2 = 0$，因为 $u_2 < \frac{1}{3}V_{CC}$，所以 555 时基电路实现置位功能，输出 u_o 为高电平，内部放电管截止。

V_{CC} 通过 R1、R2 对电容器 C 充电，使 u_C 按指数规律上升，当 u_C（即 u_2）上升到 $\frac{2}{3}V_{CC}$ 时，电路状态翻转，输出低电平，电容器 C 通过内部放电管放电，u_C 随之下降，当下降到 $\frac{1}{3}V_{CC}$ 时，电路又实现置位功能。如此反复循环，输出矩形脉冲，其工作波形如图 6—58b 所示。

3. 振荡周期

当电容 C 充电时，电路处于**第一暂稳态**，持续时间为 t_{w1}；当电容 C 放电时，电路处于**第二暂稳态**，持续时间为 t_{w2}；电路一旦起振后，电压 u_C 便总在 $\frac{1}{3}V_{CC} \sim \frac{2}{3}V_{CC}$ 之间变化，由理论推导可得

$$t_{w1} = 0.7(R_1 + R_2)C$$
$$t_{w2} = 0.7R_2C$$

电路振荡周期的大小为

$$T = t_{w1} + t_{w2} = 0.7(R_1 + R_2)C + 0.7R_2C = 0.7(R_1 + 2R_2)C$$

显然，改变 R_1、R_2 和 C 的值，即可改变振荡频率。也可在控制电压端外接电压，通过改变触发电平，从而改变振荡频率。

五、555 单稳态触发器

1. 电路组成

555 单稳态触发器电路如图 6—59a 所示，图中 R、C 为外接定时元件，输入触发信号加在 $\overline{\text{TR}}$ 端。

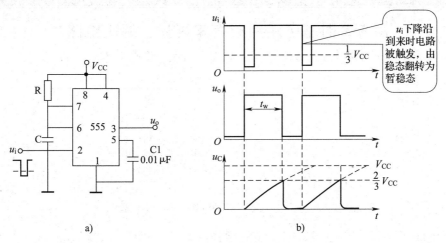

◆ 图 6—59　555 单稳态触发器电路及工作波形

a）电路　b）工作波形

2. 工作过程

（1）稳态

无触发信号时，相当于 $\overline{\text{TR}}$ 端输入高电平。当接通电源后，V_{CC} 通过 R 向 C 充电，当电容电压上升到 $u_c \geq \dfrac{2}{3}V_{CC}$ 时，电路输出低电平。内部放电管饱和导通，使 $u_o \approx 0$，输出保持低电平不变，电路处于稳态。

（2）触发进入暂稳态

当输入触发脉冲 u_i 下降沿到来时，由于 $u_i < \dfrac{1}{3}V_{CC}$，电路状态翻转，输出高电平，内部放电管截止，电路处于暂稳态。

（3）自动返回稳态

在暂稳态期间，V_{CC} 通过 R 对电容器 C 进行充电，当电容电压上升到 $u_c \geq \dfrac{2}{3}V_{CC}$ 时，电路又自动返回到触发前的状态。

电路工作波形如图 6—59b 所示。

由理论推导可得，输出脉冲宽度为

$$t_w \approx 1.1RC$$

上式说明，单稳态触发器输出脉冲宽度 t_w 仅取决于定时元件 R、C 的取值，与电压大小和输入触发脉冲宽度无关。

调节 R、C 的取值，即可调节 t_w。如果利用 CO 端外接控制电压，则可改变单稳态电路的翻转电平，从而改变 t_w。

链接

用 555 时基电路组成汽车闪光、蜂鸣电路

图 6—60 所示为用 555 时基电路组成的汽车闪光、蜂鸣电路图。

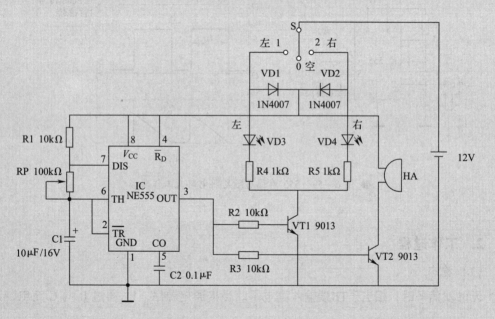

● 图 6—60　汽车闪光、蜂鸣电路图

电路组成和工作原理如下：

1. 振荡器

以 555 时基电路为核心，配以 R1、RP、C1 和 C2 即可组成一个多谐振荡器。当其 8 脚接通 12 V 直流电源时，电路开始工作，在其 3 脚输出矩形波信号电压。其中，R1、RP 和 C1 为定时元件，振荡周期 $T \approx 0.7(R_1 + 2R_P)C_1$。

调节 RP 即可改变振荡周期（或频率）。

2. 闪光电路

闪光电路由 R2、VT1、VD1、VD2、VD3、VD4 和 S（三挡位开关）等组成，VT1 工作在开关状态。时基电路的 3 脚输出的矩形波电压经 R2 送到 VT1 基极，经 VT1 控制推动 VD3 或 VD4 发光。三挡位开关 S 的动触点与"1"号触点接通时，VD3 闪烁；S 的动触点与"2"号触点接通时，VD4 闪烁；当 S 的动触点拨在空挡"0"时，电源断开，电路停止工作。

3. 蜂鸣电路

蜂鸣电路由 R3、VT2、HA、VD1、VD2 和 S 等组成，VT2 也工作在开关状态。时基电路的 3 脚输出的矩形波电压经 R3 送到 VT2 基极，经 VT2 控制推动 HA 发出蜂鸣声。从电路中可见，不管 S 的动触点与"1"号触点接通还是与"2"号触点接通，本电路都能正常工作，但当 S 的动触点拨在空挡时，电源断开，电路停止工作。

§6—8　数/模转换和模/数转换

学习目标

1. 理解数/模转换和模/数转换的概念。
2. 了解数/模转换和模/数转换典型集成电路的功能和应用。

汽车在工作过程中，经常需要通过传感器将速度、温度、压力等物理量转换为电信号，这些信号一般都是模拟信号。因此，人们在对这些信号处理时首先要把它们转换成数字信号，经过数字系统进行运算或处理后，还要将这些信号再次进行转换，恢复为模拟量，才能由执行元件去实现对实际模拟系统的控制。其原理框图如图 6—61 所示。

把数字信号转换为模拟信号的过程称为数/模转换，简称 D/A 转换。完成这一功能的电路称为数/模转换器，简称 DAC。

把模拟信号转换为数字信号的过程称为模/数转换，简称 A/D 转换。完成这一功能的电路称为模/数转换器，简称 ADC。

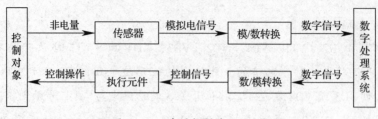

● 图 6—61　自动控制系统原理框图

一、D/A 转换器

1．D/A 转换基本原理

在 D/A 转换过程中，输入的是二进制数字编码信号，它作为模拟开关信号，控制电阻网络进行译码，使电阻网络各个输出端输出的电流（或电压）大小与该位二进制数大小成正比，再求和放大，最后得到与输入的数字量成正比的模拟量电压 u_o，如图 6—62 所示。

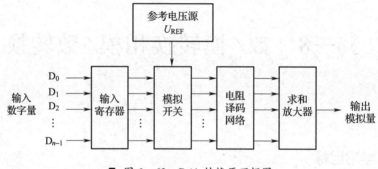

● 图 6—62　D/A 转换原理框图

2．AD7520 D/A 转换器

AD7520 D/A 转换器是一种 10 位 D/A 转换器，具有输入阻抗高、输入电流小、转换速率高、失真度小及噪声低等优点。其外形和引脚排列如图 6—63 所示，各引脚功能见表 6—36。

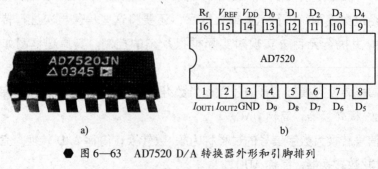

a)　　　　　　　　　　b)

● 图 6—63　AD7520 D/A 转换器外形和引脚排列

a）外形　b）引脚排列

表 6—36   **AD7520 各引脚功能**

引脚号	代号	功能
4 ~ 13	$D_9 \sim D_0$	10 位数字量的输入端，D_9 为最高位，D_0 为最低位
1	I_{OUT1}	模拟电流输出端，接集成运放反相输入端
2	I_{OUT2}	模拟电流输出端，一般接地
3	GND	接地端
14	V_{DD}	电源电压端（5 ~ 15 V）
15	V_{REF}	基准电压接线端
16	R_f	内部反馈电阻输出端

AD7520 D/A 转换器典型应用电路如图 6—64 所示。调节 RP 可以调节输出电压。

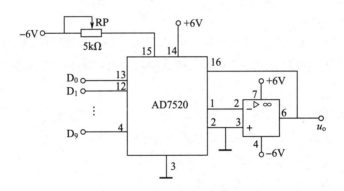

● 图 6—64   AD7520 D/A 转换器典型应用电路

二、A/D 转换器

1. A/D 转换基本原理

A/D 转换是将电压模拟量转换为二进制数字编码信号的过程。其原理框图如图 6—65 所示。

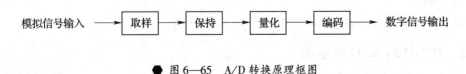

● 图 6—65   A/D 转换原理框图

（1）取样

所谓取样，就是将一个在时间上连续变化的模拟量按同一个较短的时间间隔分隔成区块。由于每个区块的间隔很短，所以，每一个区块里连续变化的模拟量变动范围不大，所有同一区块的模拟量能用若干个既定的值来代表。图6—66所示为取样原理示意图。

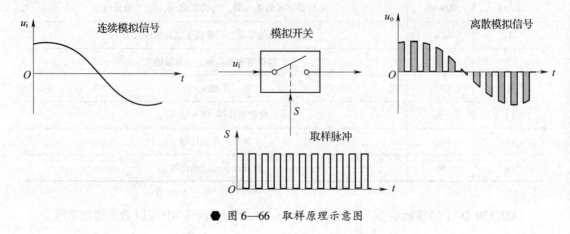

连续模拟信号　　模拟开关　　离散模拟信号

取样脉冲

● 图6—66　取样原理示意图

（2）保持

为了保证对每一个区块的准确取样，必须使得取样后的模拟信号保持短时间不变，直到下一个取样脉冲的到来。原取样电压被保持后变为如图6—67所示的阶梯波。

（3）量化

经取样、保持后的阶梯波电压值，从理论上讲会有无数个，这些不同值的电压要依照大小分成若干个等级，这一过程称为量化。例如，一个最高电压是1 V的模拟信号用三位二进制数字转换时，其量化的方法见表6—37。

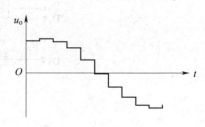

● 图6—67　经取样、保持后的阶梯波

表6—37　　　　　　　　　量化电压与输出代码对照表

量化电压（V）	1~7/8	7/8~6/8	6/8~5/8	5/8~4/8	4/8~3/8	3/8~2/8	2/8~1/8	1/8~0
输出代码	111	110	101	100	011	010	001	000

（4）编码

编码是将量化后的电压用一个代码去表示。通常采用二进制编码。

2. ICL7106 A/D 转换器

ICL7106是较为常见的A/D转换器，它采用40脚双列直插式结构，其外形、引脚排列及引脚功能如图6—68所示，工作电压为5~9 V。

ICL7106能将输入的模拟电压转换成3位半BCD码数字电平，并经内部译码后直接驱动七段液晶数字显示器显示，如图6—69所示。

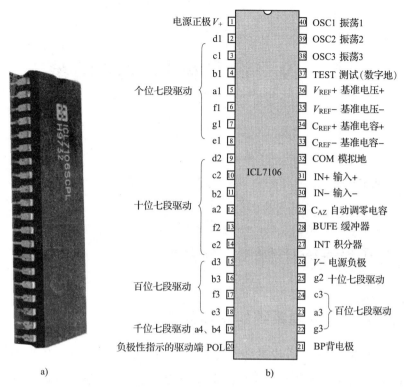

● 图6—68　ICL7106的外形、引脚排列及引脚功能

a）外形　b）引脚排列及引脚功能

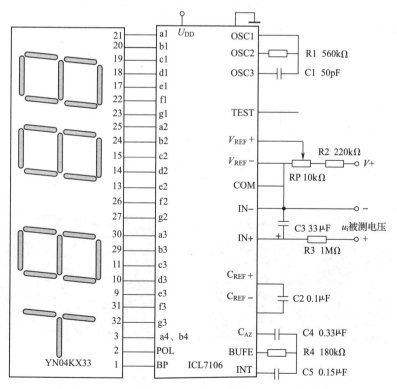

● 图6—69　用ICL7106构成的3位半数字电压显示电路

§6—9 汽车微机控制系统

学习目标

1. 了解汽车微机控制系统的基本组成。
2. 了解汽车微机控制系统的功能及其在汽车中的主要应用。

一、汽车微机控制系统的基本组成

汽车微机控制系统包括**传感器**、**电控单元 ECU**（或称电子控制器，Electronic Control Unit）和**执行器**三个基本部分，如图 6—70 所示。其中，ECU 是汽车微机控制系统的核心，从用途上讲则是汽车专用的微机系统，俗称"行车电脑"或"车载电脑"。ECU 主要由中央处理器（CPU）、存储器（ROM、RAM）、输入/输出接口（I/O）、模/数转换器（A/D）、数/模转换器（D/A）以及整形、驱动等大规模集成电路组成。

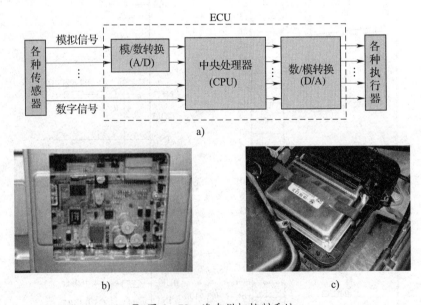

图 6—70 汽车微机控制系统

a）汽车微机控制系统示意图 b）ECU 实物图 c）汽车上的 ECU

二、汽车微机控制系统的功能

1. 实时控制功能

汽车微机控制的一般工作过程是：各传感器不停地检测汽车运行的各个状态参数，并实时通过输入接口传送给电控单元 ECU，ECU 利用预先编好的程序，及时地将这些数据与预置在内部存储器中的标准数据进行比较，通过计算和分析，确定最佳干预措施，并以数字量形式做出处理决断，最终又转换成模拟信号去控制相应的执行器件执行。

2. 自诊断功能

ECU 一般都具备故障自诊断和保护功能，当系统发生故障时，它能在 RAM 中自动记录故障代码，并采用保护措施从固有程序中读取替代程序来维持发动机及相关设备的运转。同时，这些故障信息还会显示并保持在仪表板上，可以使驾驶员及时发现问题。

3. 自适应功能

正常情况下，RAM 也会不停地记录驾驶员行驶中的数据，作为 ECU 的学习程序，为适应其驾驶习惯提供最佳的控制状态，这个程序也叫自适应程序。但由于是存储于 RAM 中，一旦掉电，所有的数据就会丢失。

4. 综合控制功能

目前在一些中高级轿车上，不但在发动机系统应用 ECU，而且在防抱死制动系统、四轮驱动系统、电控自动变速器、主动悬架系统、安全气囊系统、多向可调电控座椅等各个系统都配置有各自的 ECU。随着轿车电子化、自动化程度的不断提高，ECU 将会日益增多，线路会日益复杂。为了简化电路和降低成本，汽车上多个 ECU 之间会更多地采用网络技术，将整车的 ECU 形成一个机内分布式网络系统，实现信息资源共享，进行汽车电子综合控制。

三、微机控制系统在汽车中的主要应用

目前，汽车上有微机控制的系统主要是发动机、底盘和车身三大电子控制系统。

1. 汽车发动机微机控制系统

汽车发动机微机控制系统主要包括电控燃油喷射系统、电控点火系统、发动机怠速控制系统、电控进气系统、废气再循环控制系统、气缸变排量控制系统、可变压缩比系统、柴油机电控系统等。

图 6—71 所示为汽车发动机微机控制系统示意图。

图6—71　汽车发动机微机控制系统示意图

（1）电控燃油喷射系统的组成如图6—72所示。系统以电控单元（ECU）为控制中心，利用安装在发动机不同部位的各种传感器，测得发动机的各种工作参数，按照在微机中设定的控制程序，通过控制喷油器，精确地控制喷油量，使发动机在各种工

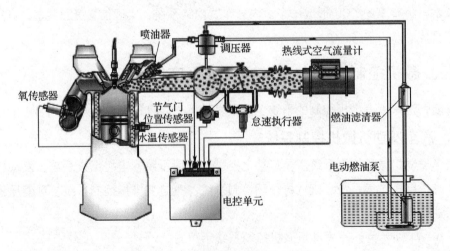

图6—72　电控燃油喷射系统的组成

况下都能获得最佳浓度的混合气，从而达到提高动力、降低油耗、减少排气污染的目的。

（2）电控点火系统的作用是使发动机在不同转速、不同进气量等条件下，实现最佳点火提前角，在保证发动机输出最大的功率或转矩的前提下，实现节油、减排、降噪。图6—73所示为无分电器独立点火式电控点火控制系统。

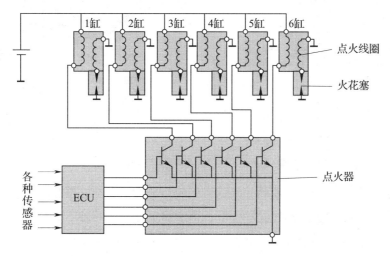

● 图6—73　无分电器独立点火式电控点火控制系统

（3）发动机怠速控制系统中，ECU根据发动机冷却液温度、空调开关和助力转向开关信号等，使发动机怠速时处于最佳转速。

（4）电控进气系统包括进气通道控制和可变配气相位控制，它可使发动机在任何工况下都保持最佳的进气量。

（5）废气再循环控制系统是排放控制中的一个环节，它由三元催化转化控制系统和活性炭罐等组成排放控制系统，可以确保把汽车排放污染降低到最低程度。

2．汽车底盘微机控制系统

汽车底盘微机控制系统包括防抱死制动（ABS）、电子防滑（ASR）、电控自动变速、悬架控制、电控动力转向、巡航控制和四轮转向控制系统等。

（1）防抱死制动系统和电子防滑系统是汽车的主要安全系统，前者可防止汽车制动时车轮被抱死而产生侧滑，提高车辆制动的稳定性和可操纵性；后者可防止汽车起步和加速时驱动轮打滑，提高车辆起步或加速时的稳定性和可操纵性。

图6—74所示为汽车防抱死制动系统。汽车防抱死制动系统主要由车轮转速传感器、电控单元（ECU）、制动压力调节器及警示灯等组成。在一般的制动情况下，驾驶员踩在制动踏板上的力较小，车轮不会被抱死，ABS不工作，这时制动力完全由驾驶员踩在制动踏板上的力来控制。当紧急制动或在松滑路面制动时，ABS将工作，制动开始时，制动压力骤升，车轮速度迅速下降，当车轮转速传感器检测到车轮

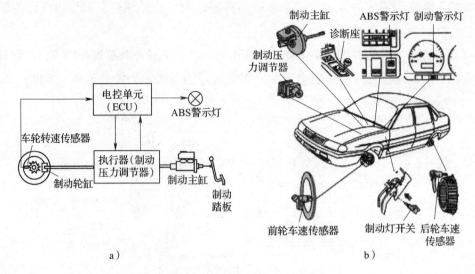

a)   b)

图6—74　汽车防抱死制动系统

刚刚出现抱死趋势时，ABS控制器输出信号到制动压力调节器，降低制动压力，使车轮速度上升。当车轮的加速度超过某一值时，再次将制动压力提高，车轮速度又下降。这样可以获得最佳的制动效能和制动时的方向稳定性以及转向操纵能力。

（2）电控自动变速是自动挡汽车的一大特色，ECU综合发动机节气门开度和车速等因素，严格按照换挡特性和换挡规律，适时调整传动比，使汽车一直处于最佳挡位。它与传统的手动换挡系统比较，除了方便驾驶之外，还具有自动、精确、合理、及时的挡位调整，能达到降低油耗，延长变速箱使用寿命等优点。

（3）电控悬架系统能根据不同的路面条件和车辆运行的工况，自动控制车身高度，调整悬架的弹性、刚度和阻尼特性，改善车辆行驶的稳定性、平顺性、操纵性和乘坐舒适性。

（4）电控动力转向系统能根据车速、转向角、转矩等传感器信号自动控制施加在转向盘上的转向力矩，使驾驶员在汽车停车或低速行驶时转动转向盘所需的力矩减小，而在高速行驶时转动转向盘所需的力矩增大，提高行车安全性。

（5）电控巡航系统主要用于汽车在高速公路上长时间行驶时，是为减轻驾驶员驾车的疲劳而设置的。在任意车速下，按下巡航速度开关后，ECU将根据车轮转速传感器和行车阻力自动增减节气门开度，使汽车保持设定的速度不变。

3. 汽车车身微机控制系统

汽车车身微机控制系统主要包括自动空调控制、风窗玻璃的刮水器控制、自动灯光控制、车门锁控制、车窗控制、电动座椅控制、安全气囊控制、安全带控制、车辆信息显示、防撞与防盗安全系统等。

（1）汽车自动空调控制ECU能根据车内温度传感器、车外温度传感器和日照强度传感器等传入的数据，计算出经过空调热交换器后送入车内应该达到的出风温度。对冷暖风调节风门开度、风扇驱动电动机转速、制冷风门、压缩机等进行控制，自动地将车内温度保持在设定的温度范围内。

（2）汽车自动灯光控制系统能根据光传感器检测到的车外亮度情况，自动接通和切断前后灯，以提高汽车行驶的便利性和行驶安全性。

（3）安全气囊控制系统是一种被动安全保护装置。其作用是当传感器检测到发生严重撞车事故时，立即向控制器发送信号，引爆安全气囊里的气体发生剂，产生高压氮气迅速吹胀气囊将驾驶员或副驾驶位置乘坐人与转向盘、风窗玻璃隔开，以防止撞车过程中，前座人员的头部和胸部直接撞在转向盘或风窗玻璃上，减轻和免除伤亡事故。

（4）车辆信息显示系统也称驾驶员信息系统，由车况监测部件、车载计算机和电子仪表三部分组成。汽车车况监测是传统仪表板报警功能的发展，主要通过液位、压力、温度、灯光等传感器，检测发动机系统、制动系统和电源系统。车载计算机提供的信息能提高行车安全性、燃油经济性和乘坐舒适性等。

第七章
—— 汽车电路识图基础

§7—1　汽车电路的特点

学习目标

> 了解汽车电路的组成特点、供电特点和导线特点。

现代汽车在电气技术上的投入占全车成本的比例越来越大，汽车电气设备的不断增加和自动化程度的不断提高，使得汽车电路越来越复杂。这就要求汽车专业维修人员必须具有充分的识读汽车电路图的能力。首先要熟悉汽车电路的基本组成、基本工作原理和特点；其次要熟悉常见汽车电气元件或电气设备的功能、图形符号和文字符号；第三要了解汽车电路图的特点。在掌握上述三方面知识的基础上，还要进行必要的汽车电路图识读实践和训练。

一、汽车电路的组成特点

汽车电路主要由供电电源、电气设备和控制配电装置三大部分组成，具体包括供电系统、启动系统、点火系统、仪表电路与警报系统、照明与信号系统、辅助电器电路、电子控制系统及配电装置等。

1. 供电系统

汽车供电系统包括蓄电池、发电机和电压调节器等，其作用是对全车所有用电设备供电并维持电压稳定。

发电机是主要电源，蓄电池是辅助电源，二者并联。蓄电池只在发动机启动、发电机有故障、发电机超载等情况下向用电设备供电。而在汽车正常行驶时，用电设备所需电能全由发电机提供。

电压调节器的作用是在发动机转速变化时，自动调节发电机的输出电压并使其保持稳定。

目前，汽车普遍采用交流发电机与电子调节器。不同车型中采用的交流发电机和电子调节器的结构形式有所不同，所以，供电电源电路也会有所区别。

2.　启动系统

启动系统主要包括点火开关、启动继电器、起动机和启动保护装置等，其任务是启动发动机。

现代汽车一般采用电磁控制式启动系统。

3.　点火系统

点火系统的任务是在最适当的时间在相应的气缸中产生电火花，点燃缸内的可燃混合气。

点火系统可分为传统点火系统、普通电子点火系统和微机控制点火系统三个类型。它们的组成有所不同。

（1）传统点火系统主要包括电源、点火开关、点火线圈、分电装置和断电装置、高压线、火花塞等。

（2）普通电子点火系统主要由电源、点火信号发生器、点火控制器、点火线圈和火花塞等组成。

（3）微机控制点火系统主要由电源、安装在发动机上的各种传感器、发动机电控单元、点火控制器、点火线圈和火花塞等组成。

现在生产的货车和小型轿车一般分别采用普通电子点火系统和微机控制点火系统。

4.　仪表电路与警报系统

仪表电路与警报系统主要由各种仪表（如电流表、电压表、水温表、机油压力表、燃油表、发动机转速表、车速里程表、气压表等）、传感器、防盗警报装置、警告警报装置以及警报灯和控制器等组成。它们的作用是为驾驶员提供车辆工作状况信息，如遇异常情况及时报警。

5.　照明与信号系统

照明与信号系统主要由前照灯、雾灯、示廓灯、转向灯、制动灯、倒车灯、电喇叭与蜂鸣器及它们的控制继电器和开关等组成。其中，照明灯具主要为车辆提供夜间工作的必要照明，光、声信号则为车辆提供必要的安全行车信号。

6.　辅助电器电路

汽车上的辅助电器主要有电动风窗刮水器、风窗洗涤器、空调器、低温启动预热装置、汽车音响、点烟器、车窗玻璃电动升降器、座椅电动调节器、防盗装置等。辅助电器电路主要由上述辅助电器及它们的控制电路和开关等组成。其作用是根据需要，控制各种辅助电器的工作时机和工作过程。

7. 电子控制系统

电子控制系统一般是指利用微机控制的各个系统，主要包括电控燃油喷射系统、电控点火系统、电控自动变速器、制动防抱死装置、电控悬架系统、自动空调系统等。电子控制系统的采用可以使汽车上的各个系统均处于最佳工作状态，达到提高汽车动力性、经济性、安全性、舒适性，降低汽车排放污染等目的。

8. 配电装置

配电装置包括各种控制开关、熔断器或熔丝装置、中央继电器接线盒、配电线束和连接器等。

二、汽车电器的供电特点

1. 双电源、低压直流供电

汽车上的电能由发电机和蓄电池两个直流电源提供，其供电电压为 12 V 或 24 V。汽油发动机的供电电压普遍为 12 V，柴油发动机的供电电压一般为 24 V。采用低压供电可提高车上人员的安全性，而采用直流供电的主要原因是启动发动机的电动机要靠蓄电池供电。

随着电子和电气技术的发展，汽车上的电子控制装置越来越多，汽车所消耗的电功率越来越大，现有的 12 V、24 V 电源将难以满足电气系统的需要。汽车电气系统新标准规定，今后将采用 42 V 供电系统，届时发电机的最大输出功率将达到 8 kW 以上。42 V 汽车电气系统新标准的实施，将会使汽车电气零部件的设计和结构发生重大变化。

2. 负极"搭铁"的单线制

在电气设备的供电中，为了既节约导线、减轻质量，又使电气线路简单、安装维修方便，可采用单线制。由于汽车上的两个电源及所有的用电设备都以并联的形式连接，且汽车的发动机、变速箱、底盘、悬架等大多是金属物件，这就为单线制供电创造了条件。从电源到用电设备只用一根导线（通常称为"火线"）连接，用汽车发动机、变速箱、悬架等金属机体作为另一根公用导线与电源的负极相连，俗称为"搭铁"。

汽车上供电采用单线制后，还使得电气总成部件无须与车体绝缘，保证了电气系统（特别是电子控制系统）工作时的可靠性。不过，汽车上一些没有金属机体的地方仍需采用双线制。

3. 用电设备的保护装置

为了防止汽车用电设备过载烧毁或发生电路短路，总电路和各支路中的用电设备大都配装易熔线、熔断器或电路过载保护器等保护装置。

三、汽车电路导线的特点

1. 采用不同种类和规格的导线

汽车电气线路中的导线分低压导线和高压导线两类，低压导线分普通导线、启动电缆和接地电缆，高压导线分铜芯线和阻尼线。

（1）普通低压导线

普通低压导线是带绝缘层的铜质多股软芯线，芯线横截面积不得小于 $0.5\ \text{mm}^2$。为了便于安装和维修，它们通常用不同颜色的绝缘层分类，横截面积在 $4\ \text{mm}^2$ 以下的采用双色，而 $4\ \text{mm}^2$ 以上的采用单色，如图 7—1 所示。

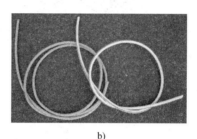

a)　　　　　　　　　　　　　　　　b)

● 图 7—1　普通低压导线

a）单色低压导线　b）双色低压导线

为了既保证线束的质量和正常使用，又能减轻整车质量、降低生产成本，汽车生产商会选择不同横截面积的导线以适应不同的负荷和环境。导线的横截面积（单位为 mm^2）也会在汽车电路图中相应导线附近用不同的数字标出。

（2）启动电缆

启动电缆是带绝缘包层、横截面积较大的铜质或铝质多股电缆线，如图 7—2 所示。启动电缆有 $25\ \text{mm}^2$、$50\ \text{mm}^2$ 和 $70\ \text{mm}^2$ 等多种规格，允许通过的电流高达 $500\sim1\ 000\ \text{A}$，要求电缆上每百安培的电压降不得超过 $0.1\sim0.15\ \text{V}$。

（3）接地电缆

接地电缆一般有两种，一种与启动电缆相同，另一种是编织扁形软铜线，如图 7—3 所示。它们常用于蓄电池负极与车架、车身、发动机等之间的接地连接。

● 图 7—2　启动电缆　　　　　　　● 图 7—3　编织扁形软铜线

（4）高压导线

高压导线的作用是将点火线圈产生的高压传送到火花塞上，如图 7—4 所示。由于传送的电压高达 20 kV 以上，而通过的平均电流却很小，所以高压导线的绝缘包层很厚，而铜芯线的横截面积很小。

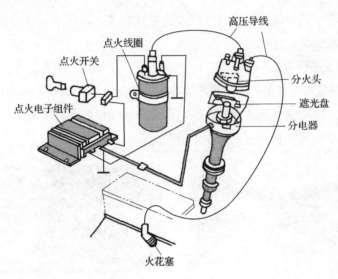

● 图 7—4　汽车高压导线

2. 把导线捆扎成线束

现代汽车由于电气设备的增加和电控的需要，导线的数量和长度大大增加，为了不使汽车内部导线凌乱，同时也便于安装、维修和保护绝缘，除高压导线以外，通常将进出位置相近或走向基本一致的许多导线捆扎成线束，如图 7—5 所示。

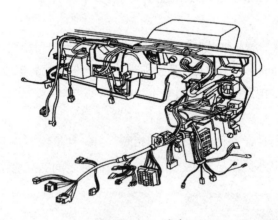

● 图 7—5　线束

由于汽车上各种传感器、ECU 和执行器分布在汽车的各处，所以一辆汽车上通常有多个线束。

应该指出，同类型的汽车即使牌子不同，相同用途的电气设备在车辆上的安装位置也是大同小异，所以汽车上整个电气线路的走向和布局大致相同。

3. 对导线颜色的规定

为便于在线束中查找导线，在电路原理图中，一般会对导线的线径、颜色甚至其所属的电气系统做出标注。

在汽车电路中，导线颜色及条纹多用字母来表示，以英文字母为主。常见主要汽车制造公司导线的颜色代码见表7—1。我国汽车电路中各电气系统选用导线的颜色及字母代码见表7—2。

表7—1　　　　　　　　　　常见主要汽车制造公司导线的颜色代码

颜色	英文	颜色代码							
		丰田	本田	日产	通用	福特	奔驰	大众	宝马
黑色	black	B	BLK	B	BLK	BK	BK（sw）	sw	SW
棕色	brown	BR	BRN	BR	BRN	BR	BR（br）	br	BR
红色	red	R	RED	R	RED	R	RD（rd）	ro	RT
黄色	yellow	Y	YEL	Y	YEL	Y	YL（ge）	ge	GE
绿色	green	G	GRN	G	GRN	GN	GN（gn）	gn	GN
蓝色	blue	L	BLU	L	BLU	BL	BU（be）	bl	BL
紫色	violet	V		PU 或 V			VI（vio）	li	VI
灰色	grey	GR	GRY	GY 或 GR	GRY	GY	GR（gr）	gr	GR
白色	white	W	WHT	W	WHT	W	WT（wt）	ws	WS
粉红色	pink	P	PNK	P	PNK	PK	PK（pk）		RS
橙色	orange	O	ORN	OR 或 O	ORN	O			OR

表7—2　　　　　　　我国汽车电路中各电气系统选用导线的颜色及字母代码

系统名称	颜色（主色）	颜色代码
电源系统	红	R
点火、启动系统	白	W
雾灯系统	蓝	Bl
灯光、信号系统	绿	G
防空灯及车身内部照明系统	黄	Y
仪表、报警系统及电喇叭系统	棕	Br
收音机、时钟、点烟器等辅助系统	紫	V
各种辅助电动机及电气操纵系统	灰	Gr
搭铁线	黑	B

在汽车电路中，当采用双色线时，主色为基础色，所占比例要大一些；辅助色为条色带或螺旋色带，所占比例要小一些。双色线识别示例见表7—3。标注时应主色在前，辅助色在后。

表 7—3 双色线识别示例

车型	导线颜色识别	颜色代码	说明
丰田	L Y (blue) (yellow)	L－Y	1. L、RED 为主色，所占比例要大一些；Y、BLU 为辅助色，所占比例要小一些 2. 标注时，主色 L、RED 在前，辅助色 Y、BLU 在后
本田	RED/BLU	RED/BLU	

　　为便于识别各导线所属电气系统，日本车系的各电气系统都有规定的基准色。如黑色一般用于启动、预热及接地线路，白色用于充电系统，红色用于照明系统，绿色用于信号系统，黄色用于仪表系统，蓝色用于辅助系统。

　　不同辅助色的条纹表达着同系统内不同的分支。也有的车系在其电路图上各导线附近，除了标注导线线径和颜色以外，还标注其所属系统或线路的代码。由于高温等因素，会使导线绝缘层老化、褪色，特别是黄、白、粉、灰色之间以及蓝、绿色之间容易混淆，难以辨别。因此，一些汽车会在导线的绝缘层上印刷出颜色代码，以便查找。

§7—2　汽车电路图形符号和电路图

学习目标

1. 了解汽车电路中常用的图形符号。
2. 熟悉汽车电路常用的三类电路图。

一、汽车电路中常用的图形符号

　　汽车上使用的电气元件种类繁多，表 7—4 ~ 表 7—10 为常见的汽车电路用图形符号。

表 7—4   限定符号

序号	名称	图形符号	序号	名称	图形符号
1	直流	 ——	6	中性点	N
2	交流	 ∿	7	磁场	F
3	交直流	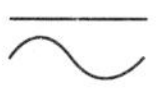 ≈	8	搭铁（接地）	 ⊥
4	正极	+	9	交流发电机输出接线柱	B
5	负极	–	10	磁场二极管输出端	D_+

表 7—5   导线、端子和导线的连接符号

序号	名称	图形符号	序号	名称	图形符号
1	节点	●	10	导线的连接	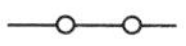 —o—o—
2	端子	○	11	插座、连接器的阴接触件	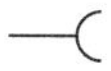 —(
3	可拆卸的端子	⌀	12	插头、连接器的阳接触件	 —■
4	导线的 T 形连接	形式 1 形式 2	13	插头和插座	 —(■
5	导线的双 T 连接	形式 1 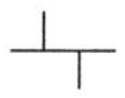 形式 2 	14	多极插头和插座（图示为三极）	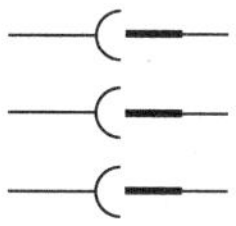 —(■
6	导线的跨越	 ＋	15	接通的连接片	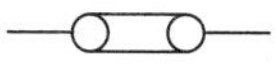 —⊂○○⊃—
7	端子板（可加端子标志）	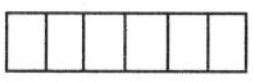 ▭▭▭▭▭	16	断开的连接片	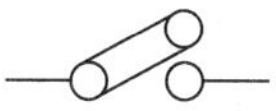
8	连接组	 ——	17	屏蔽导线	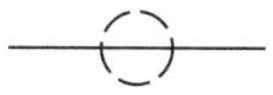
9	非电气连接，如机械连接	 — — —	18	屏蔽（护罩）（可画成任何形状）	 ⌐ ¬

表7—6 触点与开关符号

序号	名称	图形符号	序号	名称	图形符号
1	动合（常开）触点		13	一般机械操作	
2	动断（常闭）触点		14	钥匙操作	
3	先断后合的触点		15	热执行器操作	
4	中间断开的双向触点		16	温度控制	t
5	双动合触点		17	压力控制	p
6	双动断触点		18	制动压力控制	BP
7	单动断双动合触点		19	液位控制	
8	双动断单动合触点		20	凸轮控制	
9	一般情况下手动控制		21	联动开关	
10	拉拔操作		22	手动开关，一般符号	
11	旋转操作		23	定位开关（非自动复位）	
12	推动操作		24	按钮开关	

续表

序号	名称	图形符号	序号	名称	图形符号
25	能定位的按钮开关		32	热敏自动开关的动断触点	
26	拉拔开关		33	热继电器的动断触点	
27	旋转、旋钮开关		34	旋转多挡开关位置	1 2 3
28	液位控制开关		35	推拉多挡开关位置	1 2 3
29	机油滤清器报警开关	OP	36	钥匙开关 （全部定位）	1 2 3
30	热敏开关动合触点	θ	37	多挡开关，点火、启动开关。瞬时位置为2，能自动返回1（即2挡不能定位）	0 1 2 0,1
31	热敏开关动断触点	θ	38	节流阀开关	

表7—7　　　　　　　　　　　　电气元件符号

序号	名称	图形符号	序号	名称	图形符号
1	电阻器		5	滑线式变阻器	
2	可变电阻器		6	分路器	
3	压敏电阻器	U	7	滑动触点电位器	
4	热敏电阻器	θ	8	仪表照明调光电阻器	

序号	名称	图形符号	序号	名称	图形符号
9	光敏电阻器		24	集电极接管壳 三极管（NPN）	
10	电热元件、电热塞		25	永磁铁	
11	电容器		26	具有两个电极 的压电晶体	
12	可调电容器		27	电感器、线圈、 绕组、扼流圈	
13	极性电容器		28	带铁芯的电感器	
14	穿心电容器		29	熔断器	
15	半导体二极管， 一般符号		30	易熔线	
16	热敏二极管		31	电路断路器	
17	变容二极管		32	操作器件，一般符号	
18	稳压二极管		33	一个绕组电磁铁	
19	发光二极管（LED）， 一般符号				
20	光敏二极管		34	两个绕组电磁铁	
21	双向二极管 （变阻二极管）				
22	三极晶体闸流管		35	不同方向绕组电磁铁	
23	PNP 型三极管				

续表

序号	名称	图形符号	序号	名称	图形符号
36	动合（常开）触点的继电器		40	"或"元件，一般符号	≥1
37	动断（常闭）触点的继电器		41	"与"元件，一般符号	&
38	桥式整流器		42	非门，反相器	1
39	放大器，一般符号	形式1 形式2			

表7—8　　　　　　　　　　　　　　　仪表符号

序号	名称	图形符号	序号	名称	图形符号
1	指示仪表（星号必须用规定的字母或符号代替）	*	8	转速表	n
2	电压表	V	9	温度表	$t°$
3	电流表	A	10	燃油表	Q
4	电压、电流表	A/V	11	车速里程表	v
5	欧姆表	Ω	12	电钟	
6	瓦特表	W	13	数字式电钟	
7	油压表	OP			

表7—9　　　　　　　　　　　　　　　传感器符号

序号	名称	图形符号	序号	名称	图形符号
1	传感器，一般符号（星号必须用规定的字母或符号代替）	*	3	空气温度传感器	$t°_n$
2	温度表传感器	$t°$	4	水温传感器	$t°_W$

续表

序号	名称	图形符号	序号	名称	图形符号
5	燃油表传感器	 Q	10	爆震传感器	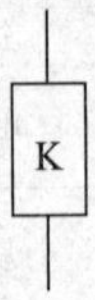 K
6	油压表传感器	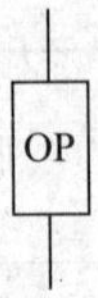 OP	11	转速传感器	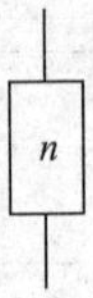 n
7	空气质量传感器	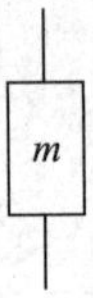 m	12	速度传感器	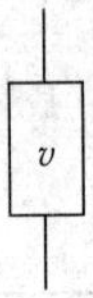 v
8	空气流量传感器	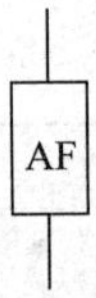 AF	13	空气压力传感器	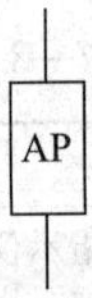 AP
9	氧传感器	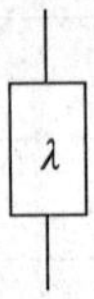 λ	14	制动压力传感器	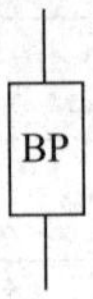 BP

表 7—10　　　　　　　　　　　　　电气设备符号

序号	名称	图形符号	序号	名称	图形符号
1	电机，一般符号（星号用字母代替：G—发电机，GS—同步发电机，M—电动机，MS—同步电动机）	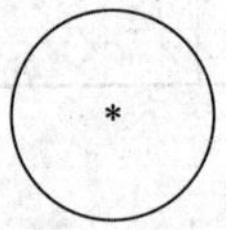 *	4	荧光灯	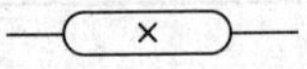
2	照明灯、信号灯、仪表灯、指示灯	 ⊗	5	组合灯	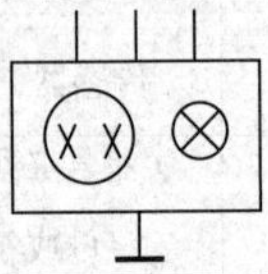
3	双丝灯		6	预热指示器	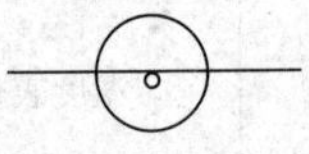

序号	名称	图形符号	序号	名称	图形符号
7	电喇叭		16	温度补偿器	$t°$ comp
8	扬声器		17	电磁阀，一般符号	
9	蜂鸣器		18	常开电磁阀	
10	报警器、电警笛		19	常闭电磁阀	
11	信号发生器	G	20	电磁离合器	
12	脉冲发生器	G	21	用电动机操纵的怠速调整装置	M
13	闪光器	G	22	过电压保护装置	$U>$
14	霍尔信号发生器		23	过电流保护装置	$I>$
15	磁感应信号发生器		24	加热器（除霜器）	

续表

序号	名称	图形符号	序号	名称	图形符号
25	振荡器		34	防盗报警系统	
26	变换器、转换器		35	天线，一般符号	
27	光电发生器		36	发射机	
28	空气调节器		37	收音机	
29	滤波器		38	双绕组变压器	
30	稳压器		39	内部通信联络及音乐系统	
31	点烟器		40	收放机	
32	热继电器		41	天线电话	
33	间歇刮水继电器		42	传声器	

续表

序号	名称	图形符号	序号	名称	图形符号
43	点火线圈		52	直流电动机	
44	分电器		53	串励直流电动机	
45	火花塞		54	并励直流电动机	
46	电压调节器	U	55	永磁直流电动机	
47	转速调节器	n	56	起动机 （带电磁开关）	
48	温度调节器	$t°$	57	燃油泵电动机、 洗涤电动机	
49	串励绕组		58	晶体管电动汽油泵	
50	并励或他励绕组		59	加热定时器	
51	集电环或换向 器上的电刷		60	点火电子组件	

续表

序号	名称	图形符号	序号	名称	图形符号
61	风扇电动机	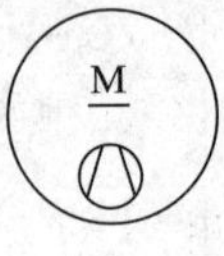	67	三角形联结的三相绕组	
62	刮水器电动机	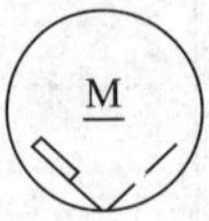	68	定子绕组为星形联结的交流发电机	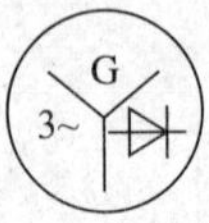
63	电动天线	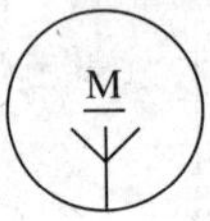	69	定子绕组为三角形联结的交流发电机	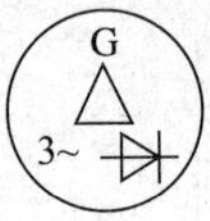
64	直流伺服电动机		70	外接电压调节器的交流发电机	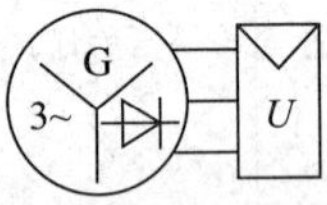
65	直流发电机	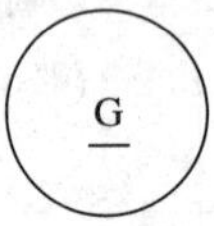	71	整体式交流发电机	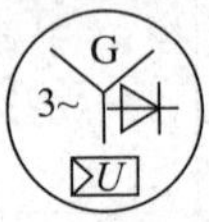
66	星形联结的三相绕组	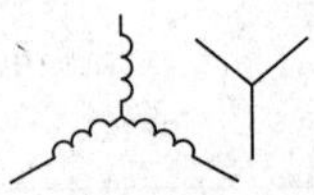	72	蓄电池	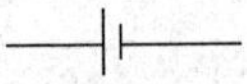

二、汽车电路图

根据不同的需要，汽车电路有几种不同的形式，最常用的有线路图、电路原理图和线束图等。

1. 线路图

线路图又称敷线图或布线图，它是电路最原始的一种表达方式。在汽车电路中，汽车线路图把实际电路中的各用电器、电源、开关、熔丝以及导线或线束在汽车上的实际位置或分布走向以及连接方式等，用象形形式画成平面图。图7—6 所示为一种轻型越野汽车的全车线路图。

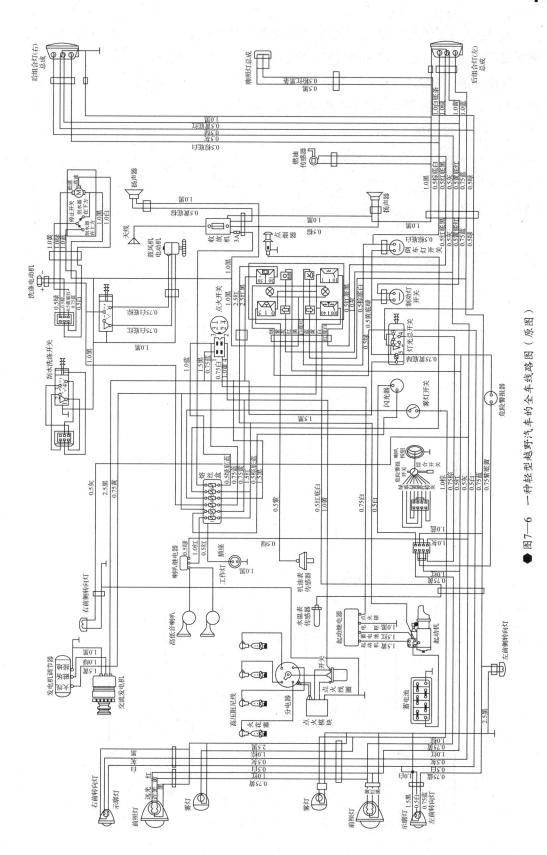

● 图7-6 一种轻型越野汽车的全车线路图（原图）

线路图的主要**优点**是电路直观形象，各元器件的外形及其安装位置、电路接点数量及位置跟实际情况基本一致，线束和导线的分布走向清楚，这对于循线跟踪和故障查找较为方便。

线路图的主要**缺点**是图中线路密集交错、元器件分散，不易识别同一功能单元及电气结构，容易造成对原理理解和电路的分析困难。

2. 电路原理图

关于电路原理图的概念，已在第一章中介绍。其实它是线路图的一种简化形式，是电路的另一种表达方式。它通常按照分工的不同，用标准的电路图形符号将同一功能组的电路元器件画在较为集中的区域，每一处接在同一根导线（或通过其他导线连接在一起的）上的所有元器件端头都用直实线（不包括元器件符号的框线）连接起来。图7—7所示为某轿车的局部电路原理图。

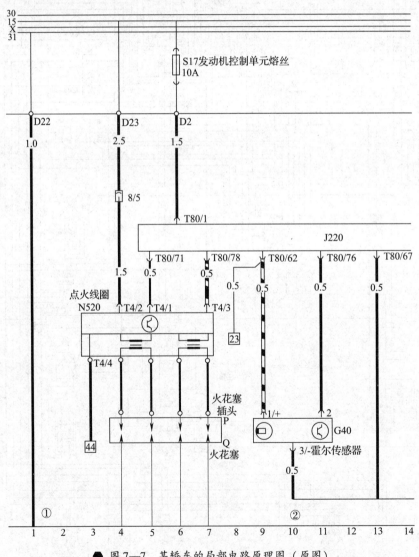

图7—7　某轿车的局部电路原理图（原图）

电路原理图的优点是图面清晰、电路简单明了、电路连接及控制关系清楚，对实际电路的分析、诊断和故障排除十分有利，因而被广泛采用。

汽车电路原理图通常具有以下特点：

（1）用标准、统一的电路图形符号表示相应的电路元器件，既方便人们绘图，也有利于人们了解各电气元器件的基本作用。

（2）在供电上，火线画在上方，零线画在下方，工作电流自上而下；在电路信号的走向上，从左往右逐级处理和传送。电路较少迂回曲折，电路图中电器串、并联关系十分清楚，电路图易于识读。

（3）各电气元器件或设备在图中的位置跟实际安装位置无关，只考虑其所处的系统和工作顺序，同一功能系统所有电气元器件相对集中，十分方便电路分析。

（4）在各电气元器件或设备的图形符号附近会标注它的标准文字符号和标准参数。

（5）电路中的导线一般标注有颜色和规格的代码，有的车型还标注有该导线所属电气系统的代码。

（6）在分系统、分区段绘制的电路原理图中，凡遇间隔较远的横向连线时，为保持图面清晰，取消跨区域横向连线，改用数字或字母标记说明连接关系。在彩色电路图中，凡同规格、同颜色并在一条线束中的导线，在线束中是直接相通的；两种不同颜色的导线不直接相通。

3．线束图

线束图是表达汽车线束分布情况的平面图。它将汽车所有电器部件的连接导线汇集包扎或捆扎在一起，组成全车线束。线束图表明线束与各用电器的连接部位、接线柱的标记、线头、插接器（连接器）的形状及位置等，如图7—8所示。

线束图是人们在汽车上能够实际接触到的汽车电路图。这种图一般不去详细描绘线束内部的导线走向，只将露在线束外面的线头与插接器做详细编号或用字母标记。安装操作人员只要将导线或插接器按图上标明的序号，连接到相应的电器接线柱或插接器上，便完成了全车线路的装接。这种图突出装配记号，非常便于安装、配线、检测与维修。它的特点是不说明线路的走向和原理，线路简单。如果再将此图各线端用序号、颜色准确无误地标注出来，并与电路原理图和线路图结合使用，则会收到更好的效果。

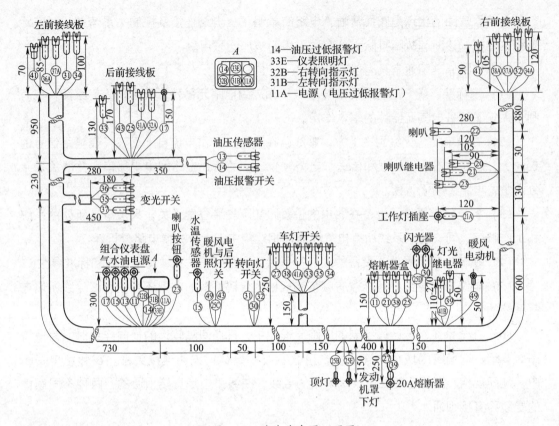

左前接线板
后前接线板
右前接线板

A
14—油压过低报警灯
33E—仪表照明灯
32B—右转向指示灯
31B—左转向指示灯
11A—电源（电压过低报警灯）

油压传感器
油压报警开关
变光开关
喇叭按钮
组合仪表盘
气水油电源A
水温传感器
暖风电机与后照灯开关
转向灯开关
车灯开关
喇叭
喇叭继电器
工作灯插座
闪光器
灯光继电器
暖风电动机
熔断器盒

顶灯
发动机罩下灯
20A熔断器

◆ 图7—8　汽车线束图（原图）

§7—3　汽车电路图的识读

学习目标

1. 了解识读汽车电路图的基本方法和应注意的问题。
2. 会识读、分析汽车控制电路图。

一、识读汽车电路图的基本方法和应注意的问题

对汽车电路图的识读通常分两步进行：

1．统览全车电路图，了解整车电路的系统结构

整车电路应包括供电系统、启动系统、点火系统、照明系统、信号系统、仪表和报警系统、辅助电器系统等。这些电路系统或功能单元在电路图中通常从左往右按水平方向顺序排列，并在电路图的上方有一个用来说明下面电路的组成与功能的条框。人们可以通过图注及技术说明，来了解电路图的名称、各系统的组成、相互控制关系及各种技术规范等内容，做好这一点对完成整车电路图的识读具有重要指导作用。

读图时，可先把不同功能的系统用直线把它们分隔开来，以方便了解各系统电路的组成和分析工作原理。

2．详细分析各功能系统的电路组成和工作原理

现代汽车的电路图一般采用垂直布置方式，即火线在上，零线在下，各支路电流从上向下流动。所以，对某一单元读图，可按电流流向，从电源正极出发，经用电设备回到电源负极这样一个顺序进行。

由于电路系统按序排列，所以对各系统可按布局顺序逐级分析。

对具体单元读图时，应注意如下几点：

（1）汽车上的大多数电器采用单线制、并联、负极搭铁。用电设备连接都是由一根导线与电源的正极相连接，用电设备与电源之间通常串联了熔断器、开关或继电器等。

（2）在原理图中一般有多根火线，工作电流大、工作时间短的用电设备的电流不经过电流表。

（3）为避免或减少汽车大功率用电器对开关的损坏，一些功率较大的用电设备，如起动电动机，通常采用两级控制方式，即利用小功率开关去控制继电器动作，再用继电器控制用电设备，所以继电器均装在电源与用电设备之间。

（4）传感器经常共用电源线、接地线，但决不会共用信号线。执行器会共用电源线、接地线、控制线。

（5）因为电流都是从电源的正极出发，通过导线，经熔断器、开关达到用电设备，再经过导线（或接地）流回到同一个电源的负极，所以应用电流回路可以帮助读图。

（6）要熟记汽车电路图所用的图形符号、导线标注、接线柱标记和缩略语。

二、汽车电路识图示例

下面以图 7—9 所示大众汽车散热器风扇控制电路图为例，具体介绍识读汽车电路图的方法步骤。

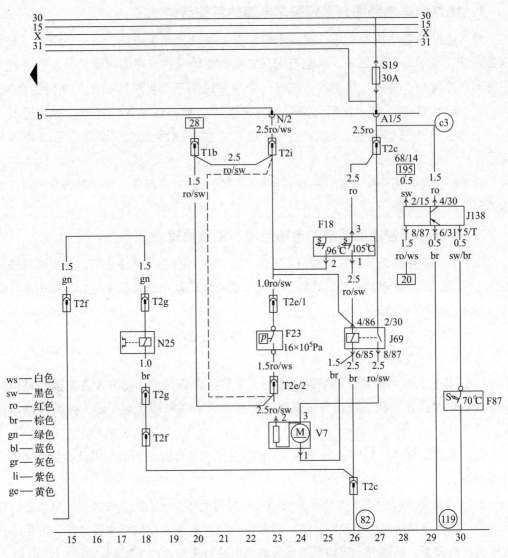

◆ 图7—9　大众汽车散热器风扇控制电路图（原图）

1. 主要电气元器件

F18——散热器风扇热敏开关；

F23——高压开关；

J69——风扇二挡继电器；

J138——风扇启动控制单元；

N25——空调电磁离合器；

T1b——单孔插接器；

T2c、T2e、T2f、T2g、T2i——双孔插接器（发动机舱前）；

V7——风扇电动机；

F87——风扇启动温度开关；

82——搭铁端（左前束内）。

2．电源线

30——火线；

15——点火线圈接通时的小容量火线；

X——在点火开关接通、卸荷继电器触点闭合后才有电的大容量火线；

31——搭铁线。

3．电路工作过程分析

（1）冷却液温度的控制

当散热器中冷却液的温度达到 96℃ 时，散热器风扇热敏开关 F18 接通一挡，风扇低速运转。系统工作电流路径为：电源 "30" 导线→19 号位置熔丝→继电器盒 A1/5→散热器风扇热敏开关 F18 的 3 号接线端子→散热器风扇热敏开关 F18 一挡→散热器风扇热敏开关 F18 的 2 号接线端子→风扇电动机 V7 的 2 号接线端子→风扇电动机 V7→风扇电动机 V7 的 1 号接线端子→搭铁。

当散热器中冷却液的温度达到 105℃ 时，散热器风扇热敏开关 F18 接通二挡，风扇二挡继电器 J69 触点闭合，风扇高速运转。系统工作电流路径为：电源 "30" 导线→19 号位置熔丝→继电器盒 A1/5→风扇二挡继电器 J69 的 2/30 接线端子→风扇二挡继电器 J69 的 8/87 接线端子→风扇电动机 V7 的 3 号接线端子→风扇电动机 V7→风扇电动机 V7 的 1 号接线端子→搭铁。

（2）发动机舱温度的控制

在点火开关断开的情况下，如果机舱温度达到 70℃，风扇启动温度开关 F87 将闭合，风扇启动控制单元 J138 工作，J138 的 8/87 接线端子有电，风扇低速运转。系统工作电流路径为：继电器 J138 的 8/87 接线端子→红/白双色线→风扇电动机 V7 的 2 号接线端子→风扇电动机 V7→风扇电动机 V7 的 1 号接线端子→搭铁。

（3）空调系统工作状态的控制

散热器风扇的工作情况还受到空调系统工作状态的控制。当空调开关处于制冷、除霜位置时，系统工作电流路径为：继电器盒 N/2 接线端子→红/白双色线→风扇电动机 V7 的 2 号接线端子→风扇电动机 V7→风扇电动机 V7 的 1 号接线端子→搭铁。散热器风扇低速运转。

当制冷系统管路中的压力升至 16 MPa 时，高压开关 F23 闭合，系统工作电流路径为：继电器盒 N/2 接线端子→红/白双色线—高压开关 F23→风扇二挡继电器 J69 的 4/86 接线端子→风扇二挡继电器 J69 的 6/85 接线端子→搭铁。这时，风扇二挡继电器 J69 吸合，风扇电动机 V7 的 3 号端子有电，风扇电动机高速运转。

技能实训

技能实训1　指针式万用表的使用

一、实训目的

1. 了解指针式万用表的基本结构。
2. 了解万用表的主要作用。
3. 学会使用指针式万用表进行交/直流电压、交/直流电流和直流电阻的测量。
4. 学会使用指针式万用表检测电阻和电容器的性能。

二、实训器材

1. M47 型万用表 1 块。
2. 多用插座 1 个。
3. 降压变压器 1 个。
4. 直流可调稳压电源 1 台。
5. 汽车蓄电池 1 块。
6. 各种固定、可调电阻若干。
7. 各种电容器若干。

三、实训内容

按下列顺序用指针式万用表进行测量，并把测量结果填入相应的表格中。

1. 测量交流电压

（1）测量 220 V 单相交流电压。
（2）测量 380 V 三相交流电压。
（3）测量低压交流电压。

在实训表 1 中记录交流电压测量结果。

实训表 1   **电压、电流测量结果**

项目	单相交流电压	三相交流电压	低压交流电压	稳压电源 输出电压	汽车蓄 电池电压	交流电流	直流电流
测量结果							

2. 测量直流电压

（1）测量直流可调稳压电源输出电压。

（2）测量汽车蓄电池电压。

在实训表 1 中记录直流电压测量结果。

3. 测量交流电流和直流电流

测量交流电流和直流电流，并在实训表 1 中记录测量结果。

4. 测量电阻

测量电阻，并在实训表 2 中记录电阻测量结果。

实训表 2   **电阻测量结果**

电阻编号				
阻值（范围）				
性能好坏				

5. 测量电容器

测量电容器，并在实训表 3 中记录电容器测量结果。

实训表 3   **电容器测量结果**

电容器编号				
性能好坏				

技能实训 2   数字式万用表的使用

一、实训目的

1. 了解数字式万用表的特点和作用。

2. 掌握使用数字式万用表测量交流电压和直流电压的方法。

3. 学会用数字式万用表测量汽车发电机定子绕组的直流电阻值。

4. 学会用数字式万用表检测汽车节气门位置传感器。

二、实训器材

1. 数字式万用表4块。
2. 多用插座4个。
3. 汽车蓄电池1块。
4. 汽车发电机定子绕组1套。
5. 汽车节气门位置传感器1个。

三、实训内容

按下列顺序用数字式万用表进行测量，并把测量结果填入实训表4中。

1. 测量220 V单相交流电压。
2. 测量汽车蓄电池电压。
3. 测量汽车发电机定子绕组直流电阻值。
4. 检测汽车节气门位置传感器。

缓慢调节汽车节气门位置传感器，观察万用表阻值读数是否均匀改变，并记录下最大值和最小值。

实训表4　　　　　　　　　　　　　**测量结果**

项目	单相交流电压	汽车蓄电池电压	汽车发电机定子绕组直流电阻值	节气门位置传感器		
				最大值	最小值	性能
测量结果						

技能实训3　通用示波器的使用

一、实训目的

1. 了解通用示波器的作用。

2. 学会用通用示波器测量直流电压，观察交流信号的波形，测定交流信号的周期（或频率）、电压峰–峰值。

二、实训器材

1. 双踪通用示波器1台。

2. 多用插座 4 个。

3. 直流可调稳压电源 4 台。

4. 函数信号发生器 1 台。

三、实训内容

1. 测量直流电压值

（1）按实训图 1 所示方法，将直流可调稳压电源的输出端连接到示波器的信号输入端。

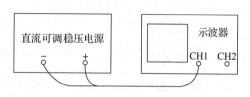

● 实训图 1　测量直流电压接线图

（2）零电压光迹高度调整

按下左信号通道（CH1）输入端接"地"按键，调节左信道垂直位移旋钮，使水平光迹与最下端水平刻度线重合。

（3）加入直流电压

接通直流可调稳压电源开关，并将输出电压旋钮旋至任何位置。

（4）合理选择垂直偏转灵敏度

顺时针或逆时针旋转垂直偏转灵敏度开关（见实训图 2），使被测直流电压光迹高于 1/2 屏高（见实训图 3）。

（5）读出被测电压水平光迹高度。

（6）计算直流电压大小：

$$电压 = 垂直偏转灵敏度 \times 高度$$

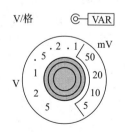
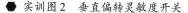

● 实训图 2　垂直偏转灵敏度开关

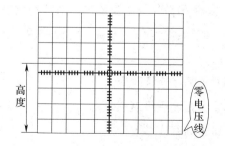

● 实训图 3　示波器上显示直流电压光迹

2. 观察波形

（1）按实训图 4 所示方法，将函数信号发生器的输出端连接到示波器的信号输入端。

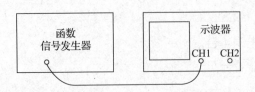

● 实训图4 波形观察和交流信号的电压、周期测量接线图

（2）加入函数信号电压

接通函数信号发生器电源开关，将其输出信号幅度旋钮、输出信号频率旋钮和频率倍乘开关调在任意位置，使其输出任意电平值和频率的信号，如实训图5所示。

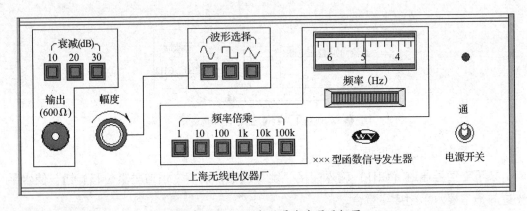

● 实训图5 函数信号发生器面板图

（3）观察三角波电压波形

1）按下函数信号发生器的三角波输出按键，观察三角波电压波形。

2）调节函数信号发生器上的相关键钮，使图形做以下改变。

①在屏幕上随意改变上下左右的位置。

②改变垂直幅度。

③改变水平幅度。

（4）观察矩形波电压波形

1）按下函数信号发生器的矩形波输出按键，观察矩形波电压波形。

2）调节函数信号发生器上的相关键钮，在下述不同情况下通过示波器观察矩形波电压波形。

①输出幅度连续改变。

②输出幅度逐级衰减。

③输出频率连续改变。

④输出频率倍数改变。

3. 测定交流信号的电压、周期和频率

（1）加入正弦波信号电压

按下函数信号发生器的正弦波输出按键，将输出信号幅度和频率固定在任意数值。

（2）调整示波器屏幕上的图形

调整示波器相关键钮，使图形符合下列要求：

1）波谷与最低水平刻度线同高。

2）波峰超过 1/2 屏高。

3）在屏幕上显示 1 个以上、3 个以下重复波形。

4）波形光迹过正中央水平线的最左端（A 点），如实训图 6 所示。

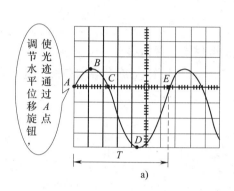
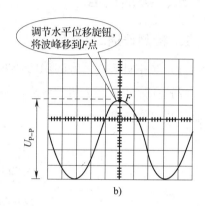

◆ 实训图 6　测量周期和电压峰–峰值时的波形位置

a）测量周期　b）测量电压峰–峰值

（3）计算周期 T

$$周期 = 水平偏转灵敏度 \times 宽度$$

（4）计算频率 f

$$频率 = \frac{1}{周期}$$

（5）计算电压峰–峰值 U_{P-P}

$$电压峰 - 峰值 = 垂直偏转灵敏度 \times 高度$$

用水平位移旋钮将波形的某一峰点移到水平位置的正中央，以方便读取波形高度。

技能实训 4　二极管的检测

一、实训目的

会检测常用二极管的引脚、材料和性能。

二、实训器材

1. M47 型万用表 1 块。

2. 20 V 直流可调稳压电源 1 台。

3. 普通硅和锗二极管、稳压二极管和发光二极管各若干。

4. 1 kΩ 左右限流电阻 1 只。

三、实训内容

1. 检测普通二极管

（1）将指针式万用表的功能开关拨至 R×1 k 电阻挡，并调零。

（2）按照实训图 7 所示方法，将黑、红表笔分别与二极管的两个引脚相接，读出电阻值，并记录在实训表 5 中。

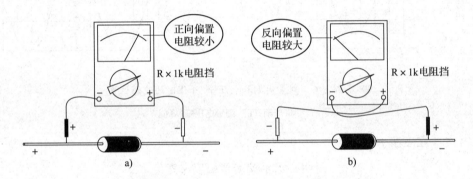

◆ 实训图 7　二极管的测量方法

a）正向偏置时电阻较小　b）反向偏置时电阻很大

实训表 5　　　　　　　　　普通二极管检测记录表

序号	检测结果				材料	元件性能
	正向电阻	反向电阻	1 号引脚极性	2 号引脚极性		

2. 检测发光二极管

（1）检测方法与普通二极管相似，但万用表必须拨至 R×10 k 电阻挡，并调零。

（2）按照实训图 7 所示方法，将黑、红表笔分别与发光二极管的两个引脚相接，读出电阻值，并记录在实训表 6 中。

实训表6　　　　　　　　　　　　　发光二极管检测记录表

序号	检测结果				材料	元件性能
	正向电阻	反向电阻	1号引脚极性	2号引脚极性		

3. 检测稳压二极管

（1）按实训图8所示方法连接电路。

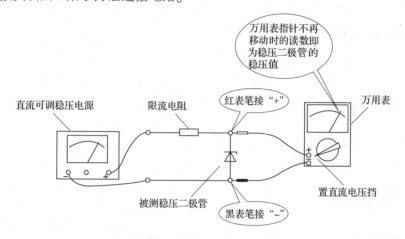

● 实训图8　稳压二极管的测量电路

（2）将万用表拨至50 V直流电压挡（因为通常使用的稳压二极管的稳压值小于50 V）。

（3）将直流可调稳压电源的输出电压调节旋钮逆时针旋到底（使接通电源后输出最小）。

（4）按顺时针方向缓慢转动直流可调稳压电源的输出电压调节旋钮，使输出电压慢慢增大，同时观察电压表（万用表直流电压挡）指针的偏转情况。当指针不再随直流可调稳压电源输出电压的增大而增大时，读出此时的电压值，并填入实训表7中。

实训表7　　　　　　　　　　　　稳压二极管检测记录表

序号	检测结果	
	稳压值	元件性能

注意

1）电路连接中不能将稳压二极管和电源正负极接错，否则稳压二极管会损坏。

2）如果读数小于 10 V，应将万用表转至 10 V 直流电压挡；如果读数小于 2.5 V，应将万用表转至 2.5 V 直流电压挡。

技能实训 5　三极管的检测

一、实训目的

会检测三极管的引脚、材料和性能。

二、实训器材

1. M47 型万用表 1 块。

2. 各种型号三极管各若干。

三、实训内容

1. 判断基极

（1）将万用表置 R×1 k 电阻挡，并调零。

（2）如实训图 9 所示，让黑、红表笔分别接触三极管的任意两个引脚，当阻值示数较小（1～10 kΩ）时，保持黑表笔所接引脚，将红表笔换接第三个引脚。若这时阻值示数同前（仍较小），则黑表笔所接引脚是基极，且三极管为 NPN 型。

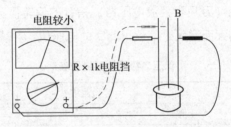

● 实训图 9　判别三极管的基极和导电类型

若三极管为 PNP 型，则上述第（2）步中黑、红表笔应互换。

2. 判断集电极（或发射极）

若三极管为 NPN 型，则判断方法如下。

（1）先假定除已知基极外的两个极中的任何一个为集电极，然后将置于 R×1 k 电阻挡的万用表的黑表笔接假定的集电极，红表笔接假定的发射极，同时用手指在基极与假定的集电极之间搭入"人体电阻"，这时注意观察万用表指针发生偏转后所指示的位置，如实训图 10 所示。

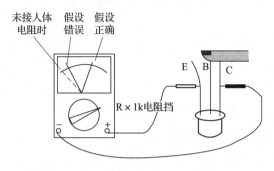

◆ 实训图 10　判别 NPN 型三极管的集电极

（2）对调假定的集电极和发射极（原先假定的发射极，现假定为集电极；原先假定的集电极，现假定为发射极），重复第（1）步测试。

（3）在上述两次假定中，在基极与假定的集电极之间搭入"人体电阻"后万用表指针发生较大偏转的那次假定是正确的。

若三极管为 PNP 型，则在上述判断中仅需将黑、红表笔换位，其他步骤相同。

3．记录检测结果

将检测结果记录在实训表 8 中。

实训表 8　　　　　　　　　三极管检测记录表

序号	材料	导电类型	引脚判断		
			1	2	3

技能实训6　汽车照明顶灯调光电路的制作与调试

一、实训目的

1. 了解集成运放的型号、引脚排列和使用注意事项。
2. 了解汽车照明顶灯调光电路的组成和工作原理。
3. 能在通用电子实验板上完成电子元器件的焊接。
4. 了解电子电路的装配调试方法。

二、实训器材

1. 实训设备、仪表和工具

（1）电烙铁和烙铁架1套。

（2）12 V直流稳压电源1台。

（3）多用插座1个。

（4）小型一字旋具1套。

（5）镊子1把。

2. 实训消耗材料（见实训表9）

实训表9　　　　　　　　　　实训消耗材料

序号	名称	规格或参数	数量	备注
1	碳膜电阻器	10 kΩ	1个	
2	电位器	220 kΩ	1个	
3	电位器	10 kΩ	1个	
4	电容器	22 μF/12 V	1个	
5	集成运放	F007	1块	
6	三极管	2N3055	1个	
7	灯泡	3 W	1个	

序号	名称	规格或参数	数量	备注
8	电子实验板	28×28 孔	1 块	可采用不同实验板
9	镀银导线	$\phi0.5 \sim 0.8$ mm	1 m	
10	焊锡丝	$\phi1$ mm 左右	0.5 m	

三、电路分析

汽车照明顶灯调光电路如实训图 11 所示。

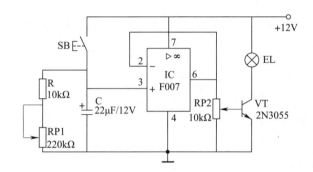

● **实训图 11　汽车照明顶灯调光电路**

当车门打开时，按钮开关 SB 闭合，蓄电池（12 V）对电容 C 快速充电，集成运放 F007 的输出端 6 脚电压升高，直至三极管 VT 饱和导通，车内照明顶灯点亮。

当车门关闭时，按钮开关 SB 断开。电容 C 通过 R 和 RP1 放电，电容 C 两端电压下降，集成运放输出电压随之下降，照明顶灯逐渐变暗，直至 VT 截止，顶灯熄灭。

四、实训内容

1. 对元器件进行检测与筛选，并判断三极管的引脚。

2. 按原理图设计好元器件布置和连线，并绘制出草图备用。

> **注意**
>
> （1）应根据实际情况，向教师了解元器件布置和连线图的设计原则。
>
> （2）关于本设计环节，可根据教学条件和实际学习情况选做，或在教师不同程度的指导下进行。

3. 在教师的指导下，按照元器件布置和连线图装接好电路。

4. 检查电路无误后，接通 +12 V 电源。

5. 打开车门，调节 RP2，使照明顶灯最亮。关闭车门，调节 RP1，可控制照明顶灯由亮到暗的时间。

技能实训 7　汽车闪光、蜂鸣电路的制作与调试

一、实训目的

1. 了解汽车闪光、蜂鸣电路的组成和工作原理，并初步熟悉 555 定时集成电路的应用。

2. 能在通用电子实验板上熟练完成电子元器件的焊接。

3. 熟悉电子电路的装配调试和故障排除方法。

4. 进一步熟悉通用示波器的使用。

二、实训器材

1. 实训设备、仪表和工具

（1）电烙铁和烙铁架 1 套。

（2）通用示波器 1 台。

（3）12 V 直流稳压电源 1 台。

（4）M47 型万用表 1 块。

（5）多用插座 1 个。

（6）小型一字旋具 1 套。

（7）镊子 1 把。

2. 实训消耗材料（见实训表 10）

实训表 10		实训消耗材料		
序号	名称	规格或参数	数量	备注
1	集成电路	NE555	1 块	也可用其他 555 集成块
2	三极管	S9013	2 个	
3	二极管	1N4148	2 个	
4	发光二极管	φ3 mm 红色	2 个	也可采用其他颜色和规格

序号	名称	规格或参数	数量	备注
5	电阻器	10 kΩ	3 个	
6	电阻器	1 kΩ	2 个	
7	可调电阻器	100 kΩ	1 个	
8	电解电容器	10 μF/16 V	1 个	
9	电容器	0.1 μF	1 个	
10	蜂鸣器		1 个	或扬声器
11	单刀双掷开关		1 个	
12	电子实验板	28 × 28 孔	1 块	可采用不同实验板
13	接插件	两芯	2 个	
14	镀银导线	φ0.5 ~ 0.8 mm	1 m	
15	硬质铜导线	φ1 mm 左右	100 mm	制作接线、测试端子
16	焊锡丝	φ1 mm 左右	0.5 m	

三、电路分析

汽车闪光、蜂鸣电路如实训图 12 所示，它主要由振荡器、闪光电路和蜂鸣电路三部分组成。

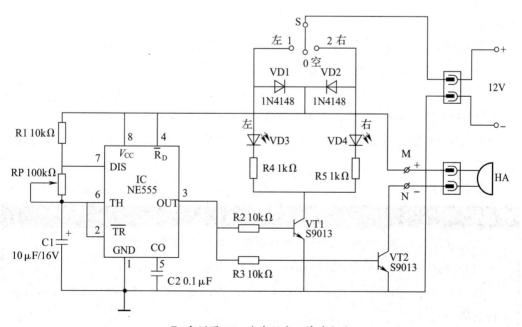

● 实训图 12　汽车闪光、蜂鸣电路

振荡器以 NE555 定时集成电路为核心，它与 R1、RP、C1 和 C2 组成了一个典型的多谐振荡器，其中，R1、RP 和 C1 组成 RC 充放电电路，调节 RP 大小可改变电路的时间常数，从而改变 NE555 的 3 脚输出的方波的振荡周期，最终实现闪光和蜂鸣的频率调节。

VT1、R2、S、VD1、VD2、VD3、VD4 等组成闪光控制电路，VT1 处在开关状态下；VT2、HA、R3、VD1、VD2 和 S 等组成蜂鸣控制电路，VT2 也处在开关状态下。从 NE555 的 3 脚输出的方波振荡信号，分别经 R2 和 R3 的隔离耦合加到 VT1 和 VT2 的基极上，经两个三极管各自的开关控制后，信号分别从它们的集电极输出，控制发光二极管和蜂鸣器的通与断，从而达到闪光和蜂鸣的作用。

四、实训内容

1. 对元器件进行检测与筛选，并判断普通二极管、发光二极管和三极管的引脚。

2. 按原理图设计好元器件布置和连线，并绘制出草图备用。

> **注意**
>
> （1）蜂鸣器不在元器件布置与连线图设计范围内。
>
> （2）关于本设计环节，可根据教学条件和实际学习情况选做，或在教师不同程度的指导下进行。

3. 在教师的指导下，按照元器件布置和连线图装接好电路。

4. 电路焊接完成，经检查无误后通电调试。操作步骤如下：

（1）将蜂鸣器和 12 V 直流电源插头分别插入相应的插座后，接通 12 V 直流稳压电源的开关。

（2）观察发光二极管是否正常闪烁，同时听蜂鸣器能否发出正常的声响。如果正常，则进行下一步操作，否则切断电源检查或检修，排除故障。

（3）缓慢调节 RP，观察发光二极管和蜂鸣器的工作频率是否做相应的改变。如果正常，则进行下一步操作，否则切断电源检查或检修，排除故障。

（4）用示波器观察 M、N 点之间的波形，并测定方波的周期和频率范围。记录如下：

周期范围为＿＿＿＿＿＿＿＿ms；频率范围为＿＿＿＿＿＿＿＿Hz。

> **注意**
>
> （1）在进行电路测试前必须认真检查电路，确认无误后方可通电。
>
> （2）测试时，应有教师在现场指导。
>
> （3）测试时，若发现电路工作不正常，应立即断电，在教师指导下排除故障后再进行测试。

技能实训 8 八路数据传送系统的制作与测试

一、实训目的

1. 进一步熟悉数据传送系统的组成和基本工作原理。
2. 了解数据选择器和数据分配器的应用。
3. 能在通用电子实验板上熟练完成电子元器件的焊接。
4. 进一步熟悉电子电路的装配调试和故障排除方法。

二、实训器材

1. 实训设备、仪表和工具

（1）电烙铁和烙铁架 1 套。
（2）5 V 直流稳压电源 4 台。
（3）多用插座 4 个。
（4）镊子 1 把。

2. 实训消耗材料（见实训表 11）

实训表 11　　　　　　　　　　实训消耗材料

序号	名称	规格或参数	数量	备注
1	固定电阻器	1 kΩ	27 个	
2	集成电路	74LS151	1 块	
3	集成电路	74LS138	1 块	
4	编码开关	4 位	1 个	
5	单刀双掷开关	2W1D	8 个	
6	集成电路插座	16P	2 块	
7	发光二极管		8 个	任意颜色
8	电子实验板	28×28 孔	2 块	可采用不同实验板
9	接插件	两芯	1 个	
10	镀银导线	ϕ0.5~0.8 mm	2 m	
11	焊锡丝	ϕ1 mm 左右	0.5 m	

三、电路分析

八路数据传送系统电路如实训图 13 所示，它主要由数据选择器 74LS151、数据分配器 74LS138、4 位编码开关、单刀双掷开关（S1 ~ S8）、发光二极管（VD1 ~ VD8）和电阻器（R1 ~ R27）等组成。其中，单刀双掷开关（S1 ~ S8）为数据选择器 74LS151 各数据输入端提供逻辑数据，电阻器 R1 ~ R8 起限流隔离作用，而 R9 ~ R16 保证在相应开关未合上时，74LS151 的相应输入端电压为 0。4 位编码开关的作用是为八路数据传送系统的数据选择器 74LS151 和数据分配器 74LS138 提供地址信号（选通信号），R25 ~ R27 保证在相应开关未合上时，74LS138 的输出电压为 0。发光二极管 VD1 ~ VD8 反映相应数据端的状态（数据），如为"1"（高电平），则相应位置的发光二极管点亮；如为"0"（低电平），则不亮。R17 ~ R24 为限流电阻。

四、实训内容

1. 对元器件进行检测与筛选，并判断发光二极管的引脚。
2. 按原理图设计好元器件布置和连线，并绘制出草图备用。

注意

关于本设计环节，可根据教学条件和实际学习情况选做，或在教师不同程度的指导下进行。

3. 在教师的指导下，按照元器件布置和连线图装接好电路。
4. 电路焊接完成，经检查无误后通电调试。操作步骤如下：
（1）将 5 V 电源插头插入插座，接通 5 V 直流稳压电源开关。
（2）将开关 S1 ~ S8 全部合上。
（3）从"00"~"07"依次按下 4 位编码开关，观察发光二极管 VD1 ~ VD8 的工作状态，如果依次逐个点亮，且后亮前灭，则表示电路安装无误；否则，电路存在问题，应关闭电源，排除故障后重新测试。
（4）关闭电源，拔出 5 V 电源插头。

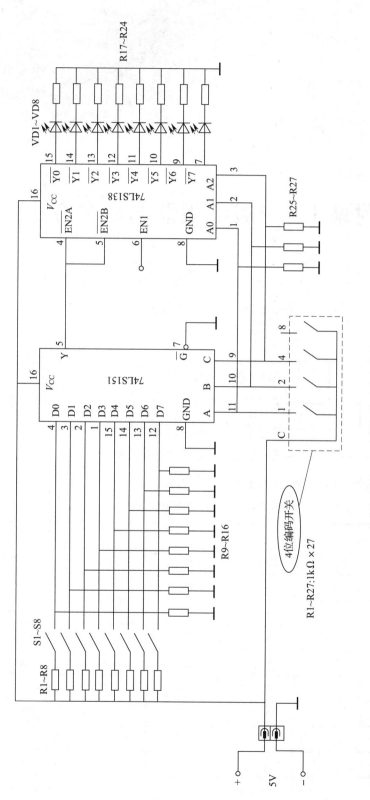

● 实训图13　八路数据传送系统电路

附录

附录1 一般电阻器的命名方法

根据国家标准《电子设备用固定电阻器、固定电容器型号命名方法》（GB/T 2470—1995）的规定，一般电阻器的型号由下列四部分组成。

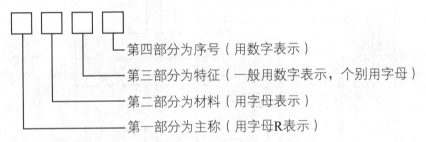

第四部分为序号（用数字表示）
第三部分为特征（一般用数字表示，个别用字母）
第二部分为材料（用字母表示）
第一部分为主称（用字母R表示）

一般电阻器的材料、特征代号及其意义见附表1。

附表1　　　　　　　　　一般电阻器的材料、特征代号及其意义

第一部分：主称		第二部分：材料		第三部分：特征	
代号	意义	代号	意义	代号	意义
R	电阻器	T	碳膜	1	普通电阻器
		J	金属膜	2	普通电阻器
		Y	氧化膜	3	超高频电阻器
		H	合成膜	4	高阻电阻器
		S	有机实心	5	高温电阻器
		N	无机实心	7	精密电阻器
		I	玻璃釉膜	8	高压电阻器
		X	线绕	9	特殊电阻器
				G	功率型电阻器

例如，型号为 RJ71 的电阻器为精密金属膜电阻器。

序号

特征（精密）

材料（金属膜）

主称（电阻器）

附录 2　敏感电阻器的命名方法

根据电子行业标准《敏感元器件及传感器型号命名方法》（SJ/T 11167—1998）的规定，敏感电阻器的型号一般由下列四部分组成。

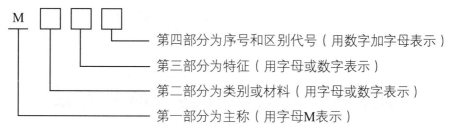

第四部分为序号和区别代号（用数字加字母表示）

第三部分为特征（用字母或数字表示）

第二部分为类别或材料（用字母或数字表示）

第一部分为主称（用字母M表示）

例如，型号为 MF51 的电阻器为测温型热敏电阻器，采用的是负温度系数热敏材料。

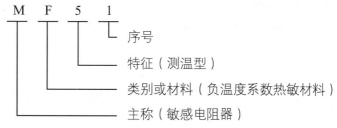

序号

特征（测温型）

类别或材料（负温度系数热敏材料）

主称（敏感电阻器）

敏感电阻器的类别、特征代号及其意义见附表 2。

附表2　　　　　　　　　　敏感电阻器的类别、特征代号及其意义

类别		特征				
代号	意义	代号	热敏电阻器		代号	压敏电阻器
			负	正		
F	直热式负温度系数热敏电阻器	1	补偿型	补偿型	G	过压保护型
Z	直热式正温度系数热敏电阻器	2	稳压型	限流型	L	防雷型
Y	压敏电阻器	3	微波测量型	起动型	Z	消噪型
		4		加热型	N	高能型
		5	测温型	测温型	F	复合功能型
		6	控温型	控温型	U	组合型
		7	抑制形	消磁型	S	指示型

附录3　一般电容器的命名方法

根据国家标准《电子设备用固定电阻器、固定电容器型号命名方法》（GB/T 2470—1995）的规定，一般电容器的型号由下列四部分组成。

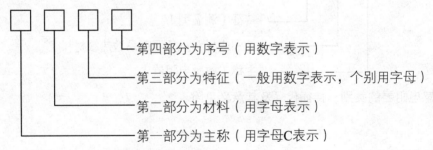

第四部分为序号（用数字表示）

第三部分为特征（一般用数字表示，个别用字母）

第二部分为材料（用字母表示）

第一部分为主称（用字母C表示）

一般电容器的材料、特征代号及其意义见附表3。

附表3 一般电容器的材料、特征代号及其意义

第一部分：主称		第二部分：材料		第三部分：特征				
代号	意义	代号	意义	代号	意义			
					瓷介电容器	云母电容器	电解电容器	有机介质电容器
C	电容器	C	1类陶瓷介质	1	圆形	非密封	箔式	非密封（金属箔）
		T	2类陶瓷介质	2	管形（圆柱）	非密封	箔式	非密封（金属化）
		Y	云母介质	3	迭片	密封	烧结粉非固体	密封（金属箔）
		Z	纸介质	4	多层（独石）	独石	烧结粉固体	密封（金属化）
		J	金属化纸介质	5	穿心			穿心
		I	玻璃釉介质	6	支柱式		交流	交流
		L	极性有机薄膜介质	7	交流	标准	无极性	片式
		B	非极性有机薄膜介质	8	高压	高压		高压
		O	玻璃膜介质	9			特殊	特殊
		Q	漆膜介质	G	高功率			
		H	复合介质					
		D	铝电解					
		A	钽电解					
		N	铌电解					

附录4　常用半导体二极管的主要参数

常用半导体二极管的主要参数见附表4～附表9。

附表4　　　　　　　　　　部分常用检波二极管的主要参数

型号	反向击穿电压 U_{BR}（V）	最大整流电流 I_F（mA）	正向压降 U_F（V）	结电容 C_{tot}（pF）	截止频率 f_C（MHz）	最高结温 t_{jm}（℃）	最高反向工作电压 U_{RM}（V）
2AP1	40	2.5					20
2AP2	45	2.5					30
2AP3	45	7.5					30
2AP4	75	5	≤1.2	1	150	75	50
2AP5	110	2.5					75
2AP6	150	2.5					100
2AP7	150	5					100
2AP9	65	5					10

附表5　　　　　　　　　　部分常用整流二极管的主要参数

型号	最大整流电流 I_F（A）	最高反向工作电压 U_{RM}（V）	最大正向电压 U_F（V）	最大反向电流 I_{RM}（μA）	浪涌电流 I_{FSM}（A）	材料	备注
1N4001		50					
1N4002		100					
1N4003		200					
1N4004	1	400	1	5	3	Si	DO-41
1N4005		600					
1N4006		800					
1N4007		1 000					（封装形式）

续表

型号	最大整流电流 I_F（A）	最高反向工作电压 U_{RM}（V）	最大正向电压 U_F（V）	最大反向电流 I_{RM}（μA）	浪涌电流 I_{FSM}（A）	材料	备注
1N5391		50					
1N5392		100					
1N5393		200					
1N5394	1.5	300	1.1	5	50	Si	DO–15（封装形式）
1N5395		400					
1N5396		500					
1N5397		600					
1N5398		800					
2CZ51A～X	0.05	—	≤1.2	5	1	Si	约φ2.5 mm×8 mm
2CZ52A～X	0.1	—	≤1.0	3	2	Si	约φ3 mm×10 mm
2CZ53A～X	0.3	—	≤1.0	3	6	Si	约φ7 mm×13 mm
2CZ54A～X	0.5	—	≤1.0	10	10	Si	有M5 螺栓，可安装散热器
2CZ55A～X	1	—	≤1.0	10	20	Si	
2CZ56A～X	3	—	≤0.8	20	65	Si	有M6 螺栓，可安装散热器
2CZ57A～X	5	—	≤0.8	20	105	Si	
2CZ58A～X	10	—	≤0.8	30	210	Si	有M8 螺栓
2CZ59A～X	20	—	≤0.8	40	420	Si	
2CZ60A～X	50	—	≤0.8	50	900	Si	有M12 螺栓

附表6　国产整流二极管最高反向工作电压规定

分档标志	A	B	C	D	E	F	G	H	J	K	L
U_{RM}（V）	25	50	100	200	300	400	500	600	700	800	900
分档标志	M	N	P	Q	R	S	T	U	V	W	X
U_{RM}（V）	1 000	1 200	1 400	1 600	1 800	2 000	2 200	2 400	2 600	2 800	3 000

附表7　　　　　　　　　　　　　部分常用开关二极管的主要参数

型号	反向恢复时间 t_n（ns）	零偏压电容 C_0（pF）	反向击穿电压 U_{BR}（V）	最高反向工作电压 U_{RM}（V）	最大整流电流 I_F（mA）	反向电流 I_R（μA）
1N4148		4	100	75		25
1N4149		2	100	75		25
1N4151		2	75	50		50
1N4152		2	40	30		50
1N4153	4	2	75	50	450	50
1N4154		2	35	25		100
1N4446		4	100	75		25
1N4447		2	100	75		25
1N4448		2	100	75		5
1N914		4	100	75		5

附表8　　　　　　　　　　　　　部分国产常用稳压二极管的主要参数

型号	稳定电压（V）	最大工作电流（mA）
2CW50	1 ~ 2.8	33
2CW51	3 ~ 3.5	71
2CW52	3.2 ~ 4.5	55
2CW53	4 ~ 5.8	41
2CW54	5.5 ~ 6.5	38
2CW55	6.2 ~ 7.5	33
2CW56	7 ~ 8.8	27

附表9　　　　　　　　　　　　　1N47系列稳压管的主要参数

型号	稳压范围				反向特性		动态电阻	
	U_Z（V）			测试条件	I_R（μA）	测试条件	r_d（Ω）	测试条件
	额定值	最小值	最大值	I_Z（mA）	最大值	U_R（V）	最大值	I_Z（mA）
1N4728A	3.3	3.14	3.47	76	100	1.0	10	76
1N4729A	3.6	3.42	3.78	69	100	1.0	10	69
1N4730A	3.9	3.71	4.10	64	50	1.0	9.0	64
1N4731A	4.3	4.09	4.52	58	10	1.0	9.0	58
1N4732A	4.7	4.47	4.94	53	10	1.0	8.0	53
1N4733A	5.1	4.85	5.36	49	10	1.0	7.0	49
1N4734A	5.6	5.32	5.88	45	10	2.0	5.0	45

续表

型号	稳压范围				反向特性		动态电阻	
	U_Z（V）			测试条件	I_R（μA）	测试条件	r_d（Ω）	测试条件
	额定值	最小值	最大值	I_Z（mA）	最大值	U_R（V）	最大值	I_Z（mA）
1N4735A	6.2	5.89	6.51	41	10	3.0	2.0	41
1N4736A	6.8	6.46	7.14	37	10	4.0	3.5	37
1N4737A	7.5	7.13	7.88	34	10	5.0	4.0	34
1N4738A	8.2	7.79	8.61	31	10	6.0	4.5	31
1N4739A	9.1	8.65	9.56	28	10	7.0	5.0	28
1N4740A	10	9.50	10.50	25	10	7.6	7.0	25
1N4741A	11	10.45	11.55	23	5.0	8.4	8.0	23
1N4742A	12	11.40	12.60	21	5.0	9.0	9.0	21
1N4743A	13	12.35	13.65	19	5.0	9.9	10	19
1N4744A	15	14.25	15.75	17	5.0	11.4	14	17
1N4745A	16	15.20	16.80	15.5	5.0	12.2	16	15.5
1N4746A	18	17.10	18.90	14	5.0	13.7	20	14
1N4747A	20	19.00	21.00	12.5	5.0	15.2	22	12.5
1N4748A	22	20.90	23.10	11.5	5.0	16.7	23	11.5
1N4749A	24	22.80	25.20	10.5	5.0	18.2	25	10.5
1N4750A	27	25.65	28.35	9.5	5.0	20.6	35	9.5
1N4751A	30	28.50	31.50	8.5	5.0	22.8	40	8.5
1N4752A	33	31.35	34.65	7.5	5.0	25.1	45	7.5
1N4754A	39	37.05	40.95	6.5	5.0	29.7	60	6.5
1N4755A	43	40.85	45.15	6.0	5.0	32.7	70	6.0
1N4756A	47	44.65	49.35	5.5	5.0	35.8	80	5.5
1N4757A	51	48.45	53.55	5.0	5.0	38.8	95	5.0
1N4758A	56	53.20	58.80	4.5	5.0	42.6	110	4.5
1N4759A	62	58.90	65.10	4.0	5.0	47.1	125	4.0
1N4760A	68	64.60	71.40	3.7	5.0	51.7	150	3.7
1N4761A	75	71.25	78.75	3.3	5.0	56.0	175	3.3
1N4762A	82	77.90	86.10	3.0	5.0	62.2	200	3.3
1N4763A	91	86.45	95.55	2.8	5.0	69.2	250	2.8
1N4764A	100	95.00	105.00	2.5	5.0	76.0	350	2.5

附录5　常用半导体三极管的主要参数

常用半导体三极管的主要参数见附表10～附表12。

附表10　部分低频小功率三极管的主要参数

型号	P_{CM}（mW）	I_{CM}（mA）	$U_{(BR)CEO}$（V）	$U_{(BR)CBO}$（V）	I_{CBO}（μA）	h_{FE} 色标分档	f_β（kHz）	封装形式
3AX51M			≥6	≥15	≤25			
3AX51A	125	125	≥12	≥20	≤20		≥8	C 型
3AX51B			≥18	≥30	≤12			
3AX51C			≥24	≥40	≤6	<15（棕） 15～25（红） 25～40（橙） 40～55（黄） 55～80（绿） 80～120（蓝） 120～180（紫） 180～270（灰） 270～400（白） >400（黑）		
3AX52A			≥12					
3AX52B	150	150	≥12	≥30	≤12		f_α≥500	C 型
3AX52C			≥18					
3AX52D			≥24					
3AX55A			≥12					
3AX55B	500	500	≥20	≥50	≤80		6	D 型
3AX55C			≥30					
3AX81A	200	200	≥10	≥20	≤30		≥6	B 型
3AX81B			≥15	≥30	≤15		≥8	
3BX81A	200	200	≥10	≥20	≤30		≥6	B 型
3BX81B			≥15	≥30	≤15		≥8	

附表11　部分高频小功率三极管的主要参数

型号	P_{CM}（mW）	I_{CM}（mA）	$U_{(BR)CEO}$（V）	I_{CBO}（μA）	h_{FE}	f_T（MHz）	封装形式
3DG100A			20			≥150	
3DG100B	100	20	30	≤0.1	25～270		B-1 型
3DG100C			30			≥300	
3DG100D			30				
3DG102A			20			≥150	
3DG102B	100	20	30	≤0.1	25～270		B-1 型
3DG102C			20			≥300	
3DG102D			30				

型号	P_{CM} （mW）	I_{CM} （mA）	$U_{(BR)CEO}$ （V）	I_{CBO} （μA）	h_{FE}	f_T （MHz）	封装 形式
3DG110A			15				
3DG110B			30			≥150	
3DG110C	300	50	45	≤0.1	≥30		B－1型
3DG110D			15				
3DG110E			30			≥300	
3DG110F			45				
3DG120A			30			≥150	
3DG120B	500	100	45	≤0.2	25~270		B－3型
3DG120C			30			≥300	
3DG120D			45				
3DG130A			≥30			≥150	
3DG130B	700	300	≥45	≤1	≥30		B－4型
3DG130C			≥30			≥300	
3DG130D			≥45				
3DG182A			≥60				
3DG182B			≥100				
3DG182C			≥140			≥50	
3DG182D			≥180				
3DG182E	700	300	≥220	≤2	≥20		B－4型
3DG182F			≥60				
3DG182G			≥100				
3DG182H			≥140			≥100	
3DG182I			≥180				
3DG182J			≥220				
3AG56A						≥25	
3AG56B						≥25	
3AG56C	50	10	≥10	200	40~180	≥50	B－1型
3AG56D						≥65	
3AG56E						≥80	
3AG56F						≥120	
3CG100	100	30	15~35	≤0.1	≥25	≥100	B－1型
3CG111	300	50	15~45	≤0.1	≥25	≥200	B－1型
3CG130	700	300	15~45	≤1	≥25	≥80	B－4型

附表 12 　　　　　　日、韩产部分小功率三极管的主要参数

型号	极性	P_{CM} （W）	I_{CM} （A）	U_{CBO} （V）	U_{CEO} （V）	U_{EBO} （V）	f_T （MHz）
9011	NPN	0.4	0.03	50	30	5	370
9014	NPN	0.625	0.1	50	45	5	270
9015	PNP	0.45	0.1	50	45	5	190
9016	NPN	0.4	0.025	30	20	4	620
9018	NPN	0.4	0.05	30	15	5	1 100
8050	NPN	1	1.5	40	25	6	190
8550	PNP	1	1.5	40	25	6	200
3903	NPN	0.625	0.2	60	40	5	300
3905	PNP	0.625	0.2	60	40	5	250
4401	NPN	0.625	0.6	60	40	5	300
4402	PNP	0.625	0.6	60	40	5	300
5401	PNP	0.625	0.6	160	150	6	200
5551	NPN	0.35	0.6	180	160	6	200
2500	NPN	0.9	2	30	10	7	150

附录 6　74 系列数字集成电路型号功能对照表

74 系列数字集成电路型号功能对照表见附表 13。

附表 13　　　　　　　74 系列数字集成电路型号功能对照表

型号	功能	型号	功能
7400	四 2 输入与非门	7412	三 3 输入与非门
7401	四 2 输入与非门 （OC 门）	7413	二 4 输入与非门 （施密特触发）
7402	四 2 输入或门	7414	六反相器 （施密特触发）
7403	四 2 输入与非门 （OC 门）	7415	三 3 输入与门 （OC 门）
7404	六反相器	7416	六反相缓冲/驱动器 （高压输出 OC 门）
7405	六反相器	7417	六缓冲/驱动器 （高压输出 OC 门）
7406	六反相缓冲/驱动器	7418	二 4 输入与非门
7407	六驱动器	7419	六反相器 （施密特触发）
7408	四 2 输入与门	7420	二 4 输入与非门
7409	四 2 输入与门 （OC 门）	7421	二 4 输入与门
7410	三 3 输入与非门	7422	二 4 输入与门 （OC 门）
7411	三 3 输入与门	7423	二 4 输入与非门 （OC 门）

续表

型号	功能	型号	功能
7424	四 2 输入与门	7492	十二分频计数器
7425	二 4 输入或非门	74100	8 位双稳态锁存器
7426	四 2 输入与非门（高压输出 OC 门）	74102	与门输入主从 JK 触发器（有预置和清除）
7427	三 3 输入与非门	74107	双主从 JK 触发器（有清除）
7428	四 2 输入或非门缓冲器	74137	3 线—8 线译码器/多路分配器（有地址寄存）
7430	8 输入与非门	74138	3 线—8 线译码器/多路分配器
7432	四 2 输入或门	74139	双 2 线—4 线译码器
7433	四 2 输入或非门缓冲器	74141	BCD—十进制译码器/驱动器（OC）
7434	六缓冲器	74142	计数器/锁存器/驱动器（OC）
7435	六缓冲器	74145	BCD—十进制译码器/驱动器（驱动灯、继电器、MOS）
7436	四 2 输入或非门	74151	8 选 1 数据选择器
7437	四 2 输入与非门缓冲器	74159	4 线—16 线译码器/多路分配器（OC）
7438	四 2 输入与非门缓冲器	74160	4 位十进制同步可预置计数器（异步清除）
7439	四 2 输入与非门缓冲器	74161	4 位二进制同步可预置计数器（异步清除）
7440	二 4 输入与非门缓冲器	74184	BCD—二进制代码转换器
7442	4 线—10 线译码器（8421BCD 码输入）	74185	二进制—BCD 代码转换器（译码器）
7443	4 线—10 线译码器（余 3 码输入）	74196	可预置十进制/二五混合进制计数器/锁存器
7444	4 线—10 线译码器（余 3 码、格雷码输入）	74197	可预置二进制计数器/锁存器
7445	BCD—十进制译码/驱动器（OC 门）	74253	双 4 选 1 数据选择器/多路转换器（3 s）
7446	4 线 7 段译码/驱动器（BCD 输入、开路输出）	74257	四 2 选 1 数据选择器/多路转换器（3 s）
7448	4 线 7 段译码/驱动器（BCD 输入、上拉电阻）	74269	8 位加减计数器
7456	1/50 分频器	74273	八 D 触发器
7457	1/60 分频器	74276	4 位二进制超前进位全加器
7468	双 4 位十进制计数器	74283	十进制计数器
7469	双 4 位二进制计数器	74290	4 位二进制计数器
7470	与门输入上升沿 JK 触发器（有预置和清除）	74295	4 位双向通用移位寄存器（3 s）
7471	与或门输入主从 JK 触发器（有预置）	74298	四 2 输入多路转换器（有储存）
7474	双上升沿 D 触发器（有预置和清除）	74323	8 位双向移位/存储寄存器（3 s）
7482	2 位二进制全加器	74347	BCD 7 段译码器/驱动器（OC）
7483	4 位二进制全加器（带快速进位）	74484	BCD—二进制代码转换器
7490	十进制计数器	74485	二进制—BCD 代码转换器
7491	8 位移位寄存器	74537	4 线—10 线译码器/多路分配器

附录 7　4000 系列数字集成电路型号功能对照表

4000 系列数字集成电路型号功能对照表见附表 14。

附表 14　　　　4000 系列数字集成电路型号功能对照表

型号	功能	型号	功能
4000	双 3 输入或非门反相器	4029	4 位二进制/十进制/加计数器（有预置）
4001	四 2 输入或非门	4030	四异或门
4002	双 4 输入或非门	4031	64 位静态移位寄存器
4006	18 位静态移位寄存器（串入串出）	4032	三级加法器（正逻辑）
4008	4 位二进制超前进位全加器	4033	十进制计数器/脉冲分配器（七段译码输出，行波消隐）
4009	六反相缓冲器/变换器	4034	8 位总线寄存器
40010	六缓冲器/变换器	4035	4 位移位寄存器（补码输出，并行存取，JK 输入）
4011	四 2 输入或非门	4040	12 位同步二进制计数器（串行）
4012	二 4 输入或非门	4041	四原码/反码缓冲器
4013	双上升沿 D 触发器	4042	四 D 锁存器
4014	8 位移位寄存器（串入/并入 串出）	4043	四 RS 锁存器（3 s，或非）
4015	双 4 位移位寄存器（串入 并出）	4044	四 RS 锁存器（3 s，与非）
4016	四双向开关	4045	21 级计数器
4017	十进制计数器/分频器	4048	8 输入多功能门（3 s，可扩展）
4018	可预置 N 分频计数器	4049	六反相器
4019	四 2 选 1 数据选择器	4050	六同相缓冲器
4020	14 位同步二进制计数器	4051	模拟多路转换器/分配器（8 选 1 模拟开关）
4021	8 位移位寄存器（异步并入，同步串入 串出）	4052	模拟多路转换器/分配器（双 4 选 1 模拟开关）
4022	8 位计数器/分频器	4053	模拟多路转换器/分配器（三 2 选 1 模拟开关）
4023	三 3 输入与非门	4054	4 段液晶显示驱动器
4024	7 位同步二进制计数器（串行）	4055	4 线—7 段译码器（BCD 输入，驱动液晶显示器）
4025	三 3 输入与非门	4056	BCD 7 段译码器/驱动器（有选通、锁存）
4026	十进制计数器/脉冲分配器（7 段译码输出）	4059	程控 1/N 计数器（BCD 输入）
4027	双上升沿 JK 触发器	4066	四双向开关
4028	4 线—10 线译码器（BCD 输入）	4067	16 选 1 模拟开关

续表

型号	功能	型号	功能
4068	8 输入与非/与门	4510	十进制同步加/减计数器（有预置端）
4069	六反相器	4511	BCD 7 段译码器/驱动器（锁存输出）
4070	四异或门	4514	4 线—16 线译码器/多路分配器（有地址锁存）
4071	四 2 输入或门	4518	双十进制同步计数器
4072	双 4 输入或门	4519	四 2 选 1 数据选择器
4073	三 3 输入与门	4520	双四位二进制同步计数器
4075	三 3 输入或门	4555	双 2 线—4 线译码器
4076	四 D 寄存器（3 s）	40104	4 位双向移位寄存器（3 s）
4077	四异或非门	40162	十进制同步计数器（同步清除）
4078	8 输入或非门	40163	4 位十进制同步计数器（同步清除）
4081	四 2 输入与门		